JN046452

はじめに

　「農地の法律早わかり」は、農地法、基盤強化法、中間管理法、農振法等の農地関係の法律の要点をコンパクトにとりまとめたもので、皆様にご理解いただくため、図表を中心として分かりやすさに重点をおいています。

　これまで、平成21年の農地法の大幅改正や、平成25年の農地中間管理事業の推進に関する法律、平成27年の「第5次地方分権一括法」「農業協同組合法等の一部を改正する等の法律」、令和元年の「農地中間管理事業の推進に関する法律等の一部を改正する法律」の制定等を受けて改訂してきたところであり、このたび、「農業経営基盤強化促進法等の一部を改正する法律」が令和5年4月1日に施行されたこと等による農地制度の改正を反映しました。

　本書が改正された農地制度の普及の一助となり、広く皆様の農地の法律のご理解に役立てれば幸いです。

　　令和5年8月

　　　　　　　　　　　　全国農業委員会ネットワーク機構
　　　　　　　　　　　　一般社団法人　全国農業会議所

―――――― ＜法律等の略称＞ ――――――

1）　本書では、法律等について次の略称を用いている場合があります。

「農振法」＝農業振興地域の整備に関する法律

「基盤強化法」＝農業経営基盤強化促進法

「中間管理法」＝農地中間管理事業の推進に関する法律

「特定農地貸付法」＝特定農地貸付けに関する農地法等の特例に関する法律

「農業委員会法」＝農業委員会等に関する法律

「特定農山村法」＝特定農山村地域における農林業等の活性化のための基盤整備の促進に関する法律

「農山漁村活性化法」＝農山漁村の活性化のための定住等及び地域間交流の促進に関する法律

「都市農地貸借円滑化法」＝都市農地の貸借の円滑化に関する法律

・○○○法政令＝○○○法施行令

・□□□法省令＝□□□法施行規則

2）　本書では、原則として条項等の「第」は省略します。ただし、枝番のある条項等で番号が連続する場合には「第」を入れています（例：○○○法１条の２**第**１項１号）。

I 農地法

1　農地法の目的

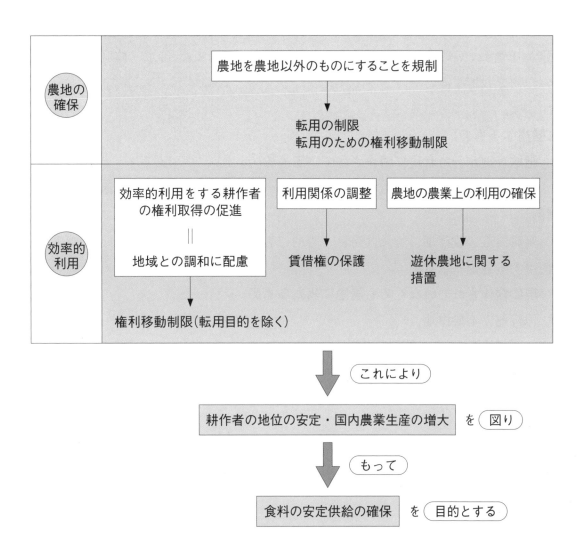

2　農地及び採草放牧地

1）農地、採草放牧地であるか否かは現況で判断

　農地、採草放牧地のいずれも耕作あるいは採草又は放牧の用に供されているかどうかという土地の現況に着目して判断するものであって、土地登記簿の地目によって判断してはならないとされています（農地法関係事務に係る処理基準第1(2)）。そして土地の現況が農地、採草放牧地であるときは、農地法の諸規制を適用することとしています。

　このことから登記簿上の地目が山林、原野など農地以外のものになっていても現況が農地又は採草放牧地として利用されていれば農地法の規制等を受けることになります。

　注　これが農地法は「現況主義」といわれるゆえんです。

2）農地

　農地とは「耕作の目的に供される土地」とされています（農地法2条1項）。

　この場合の「耕作」とは、土地に労働及び資本を投じ肥培管理を行って作物を栽培することです。分かりやすくいいますと、耕うん、整地、播種、灌がい、排水、施肥、農薬散布、除草等を行い作物を栽培するということです。

　具体的には、以下のとおりです。

〈農地に該当するもの〉

　　①　**肥培管理が行われ現に耕作されているもの**

　　　　田、畑、果樹園、牧草栽培地、林業種苗の苗田、わさび田、はす池

　　〔判例〕

　　　　桐樹、芝、牧草畑、竹又は筍、一時的に養鯉場として利用されている水田、庭園等に使用する各種花木栽培

　　②　**現に耕作されていなくても農地に当たるもの**

　　　　休耕地、不耕作地

　　　　　現に耕作されていなくても耕作しようとすればいつでも耕作できるような
　　　　　休耕地、不耕作地等も含まれます。

〈農地に該当しないもの〉

　　・家庭菜園

　　〔判例〕

　　・桐樹栽培で肥培管理後相当期間を経過し、現状が森林状態をしている土地

　　・空閑地利用

　　・不法開墾

注　農地法43条に規定する「農作物栽培高度化施設※」の用に供される土地は、「農地」と同様に取り扱われます。

　　※「農作物栽培高度化施設」とは、専ら農作物の栽培の用に供する施設で、周辺農地の日照に影響を及ぼすおそれがないこと等の要件を満たすものです。

3） 採草放牧地

　採草放牧地とは、「農地以外の土地で、主として耕作又は養畜の事業のための採草又は家畜の放牧の目的に供されるもの」とされています（農地法2条1項）。

　この場合の「耕作の事業のための採草」とは堆肥にする目的等での採草のことであり、「養畜の事業のための採草」とは、飼料又は敷料にするための採草です。

　なお、採草放牧地の権利移動（転用目的を含む）は、極めて少ない面積でしか行われていません。

〈採草放牧地に当たらないもの〉

・屋根をふくためのカヤの採取

・河川敷、堤防、公園、道路等は耕作又は養畜のための採草放牧の事実があっても、それが主な利用目的とは認められません。

・牧草を播種し、施肥を行い、肥培管理して栽培しているような場合→農地となります。

注1　林木育成の目的に供されている土地が併せて採草放牧の目的に供されている場合に「林木の育成」と「採草放牧」のいずれが主たる利用目的であるのか判定が困難なときは、樹冠の疎密度（空から見た場合の樹木の占める割合）が0.3以下の土地は主として採草放牧の目的に供されているものと判断されています（農地法関係事務に係る処理基準第1(1)②）。

注2　農地法関係事務に係る処理基準（最終改正：令和5年3月31日4経営第3234号農林水産事務次官依命通知）

4） 世帯員等

　農地法の規制等に当たっては、機械の所有状況、農作業従事者数、技術等を総合的に勘案してその農地が十分に耕作され有効に活用されるかどうか等が重要な判断要素になりますが、これらの判定に際しては、農地について権利を有する名義人についてのみ判断するのではなく、その名義人の世帯員等を含めて判断することとされています。この「世帯員等」とは、住居及び生計を一にする親族並びに当該親族の行う耕作又は養畜の事業に従事するその他の2親等内の親族です（農地法2条2項）。

注1　「住居及び生計を一にする親族」には、次の事由により一時的に住居又は生計を異にしている親族が含まれます。

① 疾病又は負傷による療養

② 就学

③ 公選による公職への就任

④ 懲役刑若しくは禁錮刑の執行又は未決勾留

注2　「親族」とは、6親等内の血族、配偶者及び3親等内の姻族のことです（民法725条）。

注3　「3親等内の姻族」とは、本人の「配偶者の血族の3親等まで」、及び本人の3親等までの血族の「配偶者」をいいます。

③　農地を耕作するために権利を取得する場合の許可

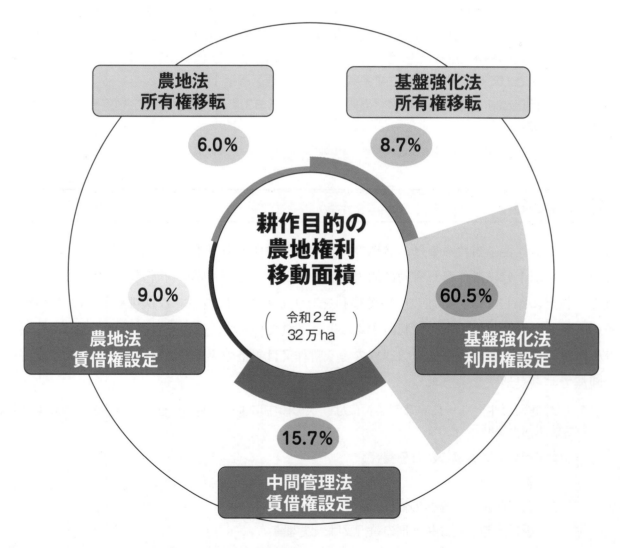

資料：農林水産省「農地の権利移動・借賃等調査」
注　：基盤強化法の利用権設定は令和５年３月末まで実施。（経過措置として実施するものを除く。）

1）農地法3条の許可を受ける手順

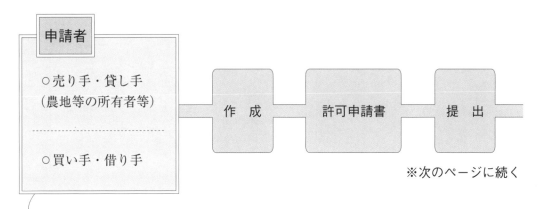

※次のページに続く

▲ 連署による申請（原則）（農地法省令10条）

〈例外＝単独で申請できる場合〉（農地法省令10条ただし書）
　① 単独行為（農地法省令10条1項1号）
　　ア 強制競売
　　イ 担保権の実行としての競売（その例による競売を含む）
　　ウ 公売
　　エ 遺贈
　　オ その他の単独行為による場合
　② 判決が確定した場合等（農地法省令10条1項2号）
　　ア 判決の確定
　　イ 裁判上の和解若しくは請求の認諾
　　ウ 民事調停法による調停の成立
　　エ 家事事件手続法による審判の確定若しくは調停の成立

〈対象となる（原則として農地法3条の許可を受けなければならない）権利移動〉
　所有権の移転、地上権、永小作権、質権、使用貸借による権利、賃借権その他の使用及び収益を目的とする権利の設定・移転（農地法3条1項）

　許可を受けなくてもよい場合⇨P14の3）参照

　許可を受けなくてもよい場合の農業委員会への届出⇨P15の（4）参照

〈届出の対象〉
・相続（遺産分割及び包括遺贈又は相続人への特定遺贈を含む）
・法人の合併・分割
・時効取得　等

Ⅰ 農地法

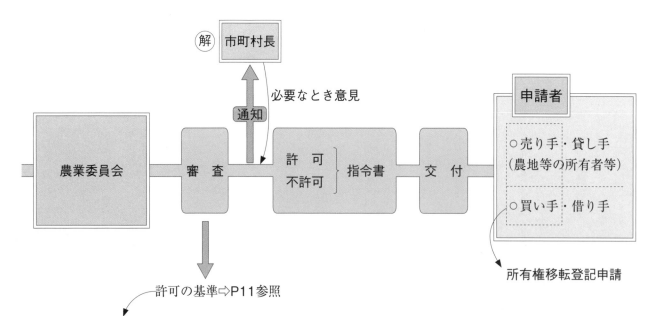

許可の基準⇨P11参照

〈主なもの〉一般の場合
① 取得農地を含む全てを効率的に利用
② 法人の場合は農地所有適格法人の取得
③ 取得後の農作業に常時従事
④ 周辺地域の農地の効率的かつ総合的な利用に
　支障がないこと
（仮登記・抵当権のある土地の許可の取り扱い⇨P15参照）

㊐解除条件付貸借の場合（一般の場合の
　③以外の個人、②以外の法人）

　　　　　　　▶ 使用貸借による権利
　　　　　　　　又は賃借権
㋐ 一般の場合の②・③以外の基準
㋑ 書面による解除条件付貸借での契
　約
㋒ 地域の農業における他の農業者と
　の適切な役割分担の下に継続的かつ
　安定的に農業経営を行うと見込まれ
　ること
㋓ 法人の場合は、業務執行役員又は権
　限及び責任を有する使用人の1人以上
　が耕作又は養畜の事業に常時従事

　　なお、この㊐の場合は、許可を
　　受けた後、毎年、利用状況を
　　報告しなければならない。
　　また、適正に利用しない場
　　合、最終的には許可を取り消
　　される。

農業経営のために農地等の
権利取得を許可される法人

《許可を要する権利の取得者等》
○個人
○農地所有適格法人
○解除条件付貸借による個人・一般法人
○農業協同組合
○農業協同組合連合会
○上記以外の法人
○区分地上権又はこれと内容を同じくす
　るその他の権利の取得者

例えば：電線路、隧道等土地の空中又
は地下の一部に工作物を設置
することを目的とする賃借権そ
の他の権利

《あらかじめ届出をした場合に許可を要
　しないもの》
（農地中間管理機構）
・農地売買等事業の実施による農地等の
　権利取得　　　　　　　　　　 → 中間管理法2条4項
・農地中間管理権の取得　　　　 → 中間管理法2条5項

市町村の区域
内の農地等の
権利取得
〔2つ以上の
農業委員会
が置かれて
いる市町村
は「農業委員
会の区域」〕

2）農地法3条の許可の基準

　農地法3条の許可申請書の提出があったときは、農業委員会が許可をするか、不許可にするかを決めることになりますが、許可してはならない場合が法律上明らかにされています（農地法3条2項）。

　具体的な基準は、一般の場合は次のようになっており、これらのいずれかに該当するときは許可されません。

　なお、農地法3条3項の要件を満たしている解除条件付貸借（使用貸借又は賃貸借）をする場合には、次の「一般の場合」の2号及び4号は適用されませんが、その他の基準は適用されます（要件：解除条件付貸借の場合⇨P13参照）。

（1）一般の場合（農地法3条2項）

1号　権利を取得しようとする者（その世帯員等を含みます）が、機械の所有状況、農作業従事者数、技術等を総合的に勘案して農業経営に供すべき農地等（農地及び採草放牧地^注をいいます。以下同様です）の全てについて効率的に利用して耕作すると認められない場合

　これは自ら効率的に利用して耕作しないで他に転売したり、貸したり、あるいは効率的利用をせず保有だけのために権利を取得しようとすることを防止するためです。

　なお、権利取得者等が所有している農地であって他の者に貸し付けているものは、そもそも耕作できませんので、「農業経営に供すべき農地」には含まれません。

　また、賃貸借で貸している農地等の所有権を借受者又はその世帯員以外の者に移転する場合、当該農地は、所有権を取得しようとする者が「農業経営に供すべき農地」に該当すると解され、一般的に不許可相当になります。ただし、この借受者の有する権限が第三者に対抗できるもの（賃借権など）であっても、取得する者及びその世帯員等の耕作又は養畜の事業に必要な機械の所有状況、農作業に従事する者の数などからみて次に該当するときは、不許可の例外とされます（農地法政令2条1項2号）。

① 許可申請の際、現に所有権を取得しようとする者又はその世帯員等が耕作等に供すべき農地等の全てを効率的に利用して耕作等を行うと認められること

② 所有権を取得しようとする農地等についての所有権以外の権原の存続期間の満了その他の事由によりその農地等を自ら耕作等に供することが可能となった場合において、所有権を取得しようとする者又はその世帯員等が耕作等に供すべき農地等の全てを効率的に利用して耕作等を行うことができると認められること

注 「農業経営に供すべき農地」とは、権利を取得しようとする農地、既に所有している農地のうち他人に貸している農地にあっては返還を受けられない農地以外の農地、借りている農地、すなわち耕作する権原のある農地のことをいいます。

2号　農地所有適格法人（⇨P16参照）以外の法人が権利を取得しようとする場合

　ただし、農地所有適格法人以外の法人であっても解除条件付の使用貸借による権利又

Ⅰ　農地法

は賃借権を設定する場合及び農地法政令で定めている場合などには許可できる場合があります（農地法3条1項〜3項、農地法政令2条）。

　注　農地所有適格法人以外の法人が農地の取得を認められる場合

・1号〜6号まで除かれる場合

①　農地中間管理機構が、あらかじめ農業委員会に届け出て農地売買等事業の実施により権利を取得する場合（農地法3条1項13号）→　許可不要

②　農地中間管理機構があらかじめ農業委員会に届け出て農地中間管理権を取得する場合（農地法3条1項14号の2）→　許可不要

③　農業協同組合又は農業協同組合連合会が、農地の所有者から農業経営の委託を受けることにより権利を取得する場合及び農業経営をするために使用貸借による権利又は賃借権を取得する場合→農業委員会の許可（農地法3条2項ただし書）

・取得後の農地の全てについて耕作の事業を行うと認められる場合で1号・2号・4号が除かれる場合（農地法政令2条1項1号）

④　農薬会社、肥料会社等が、その法人の業務の運営に欠くことのできない試験研究又は農事指導のための試験ほ場等として権利を取得する場合

⑤　地方公共団体（都道府県を除く）が、公用・公共用の目的に供するため権利を取得する場合

⑥　学校法人、医療法人、社会福祉法人　等が教育実習農場、リハビリテーション農場等教育、医療又は社会福祉事業の運営に必要な施設の用に供するため権利を取得する場合

⑦　独立行政法人農林水産消費安全技術センター、独立行政法人家畜改良センター又は国立研究開発法人農業・食品産業技術総合研究機構が、その業務の運営に必要な施設の用に供するため権利を取得する場合

・1号は適用されるが、2号・4号が除かれる場合（農地法政令2条2項）

⑧　農業協同組合、農業協同組合連合会又は農事組合法人が、稚蚕共同飼育のための桑園、共同育成牧場等その構成員の行う農業に必要な施設の用に供するために権利を取得する場合

⑨　森林組合、生産森林組合又は森林組合連合会が、森林の経営又はその法人の構成員の行う森林の経営に必要な樹苗の採取若しくは育成の用に供するため権利を取得する場合

⑩　いわゆる畜産公社が、乳牛又は肉用牛の育成牧場の用に供するため権利を取得する場合

　　「いわゆる畜産公社」とは、畜産農家に対して乳牛又は肉用牛を育成して供給し、又は畜産農家から委託を受けて乳牛又は肉用牛を育成する一般社団法人・一般財団法人で次のいずれかに該当するものをいいます（農地法政令2条2項3号、農地法省令16条2項）。

ア　農業協同組合、地方公共団体等の有する表決権の数の合計が3／4以上を占める一般社団法人

イ　地方公共団体の有する表決権の数が過半を占める一般社団法人

ウ　地方公共団体の拠出した基本財産の額が総額の過半を占める一般財団法人

⑪　東日本高速道路株式会社、中日本高速道路株式会社又は西日本高速道路株式会社が、その事業に必要な樹苗の育成の用に供するため権利を取得する場合

3号　<u>信託の引き受けにより権利を取得しようとする場合</u>

　　　　農業協同組合又は農地中間管理機構が信託事業による信託の引き受けにより所有権を取得する場合は例外として許可なく取得できます。

4号　権利を取得しようとする者（農地所有適格法人を除く）又はその世帯員等が農業経営に必要な農作業に<u>常時従事</u>すると認められない場合

　　　　常時従事の判断は、年間150日以上農作業に従事している場合は常時従事していると認められます。150日未満であっても、必要な農作業がある限り農作業に従事していれば、短期間に集中的に処理しなければならない時期に他に労働力を依存しても常時従事していると認められます。

5号　所有権以外の権原で耕作している者が転貸しようとする場合

　　　　ただし、次の場合は除かれます。

　　ア　経営者又はその世帯員等の死亡又は病気等の特別な事由により耕作できないために一時貸し付けようとする場合

　　イ　世帯員等に貸し付けようとする場合

　　ウ　水田裏作のため貸し付けようとする場合

　　エ　農地所有適格法人の常時従事者たる構成員がその法人に貸し付けようとする場合

6号　権利を取得しようとする者（又はその世帯員等）が取得後に行う耕作等の事業の内容、農地の位置及び規模からみて、農地の集団化、農作業の効率化、その他、周辺地域の農地等の農業上の効率的かつ総合的な利用の確保に支障が生ずるおそれがある場合

（2）　解除条件付貸借の場合（農地法3条3項）[注1、2]

　農地等について使用貸借による権利又は賃借権が設定される場合に、次の要件を満たしていれば、個人（農作業に常時従事しない個人でも）、法人（農地所有適格法人以外の法人でも）にかかわらず1の「一般の場合」の2号及び4号が適用されません。

　①　農地等の権利を取得後適正に利用していない場合に使用貸借又は賃貸借を解除する旨の条件が書面による契約に付されている場合

　②　権利を取得しようとする者が地域の他の農業者と適切な役割分担の下に継続的かつ安定的に農業を行うと見込まれる場合

　③　権利を取得する者が法人の場合、当該法人の業務を執行する役員又は権限及び責任を有する使用人のうち1人以上が耕作又は養畜の事業に常時従事すると認められる場合

　なお、この場合の許可には、使用貸借による権利又は賃借権の設定を受けた者が毎年、その農地等の利用状況について農業委員会に報告しなければなりません（農地法6条の2）。

　　　注1　この解除条件付貸借の許可を受けた者が適正な利用をしていない場合等には次のように取り扱われることになります。

　　　　①　必要な措置を講ずべき旨の勧告（農地法3条の2第1項）

　　　　　ア　周辺の地域における農地等の農業上の効率的かつ総合的な利用の確保に支障が生じている場合

　　　　　　イ　地域の他の農業者との適切な役割分担の下に継続的かつ安定的に農業経営を
　　　　　　　　行っていないと認める場合
　　　　　　ウ　法人にあっては、業務を執行する役員等が誰も耕作等の事業に常時従事してい
　　　　　　　　ない場合
　　　　②　許可の取り消し（農地法3条の2第2項）
　　　　　　ア　農地等を適正に利用していないと認められるにもかかわらず、使用貸借又は賃
　　　　　　　　貸借の解除をしないとき
　　　　　　イ　①の勧告に従わなかったとき
　　　注2　改正農地法施行（平成21年12月末）後、約10年間で農地法改正前の約5倍のペー
　　　　　　スで一般法人が参入（新たに4,202法人）するなど、農地を利用して農業経営を行う
　　　　　　法人は増えています（令和4年12月末現在、農林水産省経営局調べ）。
　　　　　　4,202法人の内訳：株式会社2,723法人（64.8%）、特例有限会社474法人（11.3%）、
　　　　　　NPO法人等1,005法人（23.9%）

3）許可を受けなくても農地等を取得できる場合

（主なもの）

（1）　農地等の権利の設定・移転が農地法の権利移動制限の趣旨を十分尊重するような仕組みになっているもの

　①　農地法の規定によって権利が設定・移転される場合（農地法3条1項1号、3号、4号）

　②　国、都道府県が権利を取得する場合（農地法3条1項5号）

　③　土地改良法等による交換分合によって権利が設定・移転される場合（農地法3条1項6号）

　④　中間管理法による農用地利用集積等促進計画により賃借権又は使用貸借による権利が設定・移転される場合（農地法3条1項7号）

　⑤　民事調停法による農事調停によって権利が設定・移転される場合（農地法3条1項10号）

　⑥　土地収用法等によって収用又は使用される場合（農地法3条1項11号）

　⑦　農地中間管理機構があらかじめ農業委員会に届け出て農地売買等事業の実施により権利を取得する場合（農地法3条1項13号）

　⑧　農業協同組合又は農地中間管理機構が信託事業による信託の引き受けにより所有権を取得する場合（農地法3条1項14号）

　⑨　農地中間管理機構があらかじめ農業委員会に届け出て農地中間管理権又は経営受託権を取得する場合（農地法3条1項14号の2）　等

（2）　権利の設定・移転の性質上農地法の許可を受けさせる必要がないもの

　①　遺産の分割、離婚による財産分与の裁判等によって権利が設定・移転される場合（農地法3条1項12号）

　②　信託事業による信託の終了により農業協同組合又は農地中間管理機構から委託者へ所有権が移転される場合（農地法3条1項14号）

　③　いわゆる古都保存法によって指定都市が農地等を買い入れる場合（農地法3条1項15号）

④　土地収用法等による買受権により旧所有者等が買い受ける場合（農地法3条1項16号、農地法省令15条2号）

⑤　包括遺贈又は相続人に対する特定遺贈（農地法3条1項16号・農地法省令15条5号）

（3）　農地法の許可は、契約その他の法律行為によって農地等の権利が設定・移転する場合を対象としていることから、そもそも規制の対象となっていないもの

①　相続

②　法人の合併・分割

③　時効取得　等

（4）　農業委員会に届出を必要とするもの（農地法3条の3）

　　（2）の①、⑤及び（3）など農地法の許可を受けないでよい場合でも、農地又は採草放牧地の権利を取得した者は、農地法3条の3の規定により遅滞なく（おおむね10カ月以内）、農業委員会に届け出る必要があります。

①　相続（遺産分割、包括遺贈及び相続人に対する特定遺贈を含みます）

②　法人の合併・分割

③　時効取得　等

仮登記、抵当権のある土地の許可の取り扱い

　仮登記、抵当権の登記の有無は、許可基準上判断する必要はありません。

〔判例〕

（最高裁、昭和42年㈠495号　昭和42年11月10日　第2小法廷判決）

　農地法3条に基づく許可は、農地法の立法目的に照らして、申請に係る農地の所有権移転等につき、その権利の取得者が農地法上の適格性を有するか否かの点についてのみ判断して決定すべきであり、それ以上に、その所有権移転等の私法上の効力の成否等についてまで判断すべきでない。

　なお、農地の所有権の二重譲渡の場合にも、その所有権の優劣は、知事の所有権移転の許可の先後によってではなく、所有権移転登記の先後によって決定される。

4）農地所有適格法人

「農地所有適格法人」とは、農地法上、耕作目的での農地の所有権又は使用及び収益を目的とする権利の取得が認められている法人で、次の要件を備えることが必要です（農地法２条３項）。

（1）　法人形態要件[注1]

農業協同組合法の「農事組合法人」、会社法の「株式会社（公開会社でないものに限る）又は持分会社」のいずれかであること。

注1　これ以外は農地所有適格法人になれません。

> ①株式会社(株式譲渡制限会社(公開会社でない)に限る)
> ②合名会社　③合資会社　④合同会社　⑤農事組合法人

（2）　事業の限定

法人の事業は、「主たる事業が農業[注2]」であることが必要です。この場合の「農業」にはその行う農業に関連する事業であって農畜産物を原材料として使用する製造又は加工等の事業、農業と併せ行う林業、農事組合法人にあっては組合員の農業に係る共同利用施設の設置又は農作業の共同化に関する事業が含まれます。

「その行う農業に関連する事業」とは、法人が行う農業と一次的な関連を持ち農業生産の安定・発展に役立つ次の事業です。

① 農畜産物を原料又は材料として使用する製造又は加工

② 農畜産物の貯蔵、運搬又は販売

③ 農業生産に必要な資材の製造

④ 農作業の受託

⑤ 農村滞在型余暇活動に必要な役務の提供

注2　① 「主たる事業が農業」であるかの判断は、その判断の日を含む事業年度前の直近する３カ年（異常気象等により、農業の売上高が著しく低下した年が含まれている場合には、当該年を除いた直近する３カ年）におけるその農業に係る売上高が、当該３カ年における法人の事業全体の売上高の過半を占めているかによるものとされています。

② 「農業」の中には耕作、養畜、養蚕等の業務のほか、その業務に必要な肥料・飼料等の購入、通常商品として取り扱われる形態までの生産物の処理（例えば野菜・果実の選別・包装）及び販売までが入ります。

農業（関連事業を含む）
●関連事業：農産物の製造・加工、貯蔵、運搬、販売、
　　　　　　農業生産資材の製造、農作業の受託、林業、
　　　　　　共同利用施設の設置
　　　　　　農村滞在型余暇活動に利用する民宿
　　　　　　　　　　　　　　　　　　　　　｝直近3カ年の売上高の過半

その他の事業　（例）民宿、キャンプ場、造園、除雪　等

（3）　議決権要件

　株式会社（公開会社でないもの）、持分会社にあっては、その法人の構成員（株主又は社員）について、次に掲げる者の議決権[注3]が過半を占めていること。

注3　①〜⑤に該当しない農業者や他の農地所有適格法人からの出資でも、市町村等の認定を受けた農業経営改善計画に基づいて行われるものであれば、農業関係者からの出資とみなされます（基盤強化法14条の2第1項、同法施行規則14条）。

①　その法人に農地又は採草放牧地の所有権を移転若しくは賃借権等の使用収益権を設定・移転した個人（農地法2条3項2号イ、ロ）

②　当該法人にまだ農地又は採草放牧地を提供していないが、これから提供するために農地法3条1項の許可を申請している個人（農地法2条3項2号ハ）

③　農地中間管理機構を通じて当該法人に農地又は採草放牧地を貸し付けている個人（農地法2条3項2号ニ）

④　その法人の農業に常時従事する者[注4]（農地法2条3項2号ホ）

注4　「常時従事する者」には、病気など特別な理由により一時的に常時従事できないが、その事由がなくなれば常時従事すると農業委員会が認めたもの等も含まれます。

　　その法人の農業に従事する者で次の要件のいずれかに該当する場合は、常時従事者と認められます（農地法省令9条）。

ア　その法人の行う農業に年間150日以上従事すること

イ　その法人の行う農業に従事する日数が150日未満の場合は、次の算式により算出される日数（60日未満の場合は60日）以上従事すること

$$\frac{L}{N} \times \frac{2}{3}$$　N…法人の構成員　　　L…法人の行う農業に必要な年間総労働日数

ウ　その法人の行う農業に従事する日数が年間60日に満たない者にあっては、当該法人に農地等を提供した者であって、イ又は次の算式により算出される日数のどちらか大きい日数以上

$$L \times \frac{a}{A}$$　L…その法人の行う農業に必要な年間総労働日数
　　　A…その法人の耕作又は養畜の事業に供している農地等の面積
　　　a…当該構成員がその法人に提供している農地等の面積

Ⅰ 農地法

⑤　その法人に耕起、田植等の基幹的な農作業の委託を行っている個人（農地法2条3項2号ヘ）

⑥　農業法人投資育成事業を行う承認会社（投資円滑化法10条）

⑦　その法人に現物出資した農地中間管理機構（農地法2条3項2号ト）

⑧　地方公共団体、農業協同組合又は農業協同組合連合会（農地法2条3項2号チ）

| ・農地の権利を提供した個人
・法人の農業の常時従事者
・基幹的な農作業を委託した個人
・農地中間管理機構を通じて法人に農地を貸し付けている個人
・農地を現物出資した農地中間管理機構
・農業協同組合・農業協同組合連合会
・地方公共団体
・農業法人投資育成事業を行う承認会社（投資円滑化法第10条）

・（特例）市町村等の認定を受けた農業経営改善計画に基づいて出資した農業経営を行う個人又は農地所有適格法人（基盤強化法14条の2第1項、同法省令14条） | 〈農業関係者〉
総議決権の1／2超 |
| 制限なし
たとえば
・食品加工業者　・種苗会社
・生協、スーパー　・銀行
・農産物運送業者　・一般の企業や個人など誰でも | 〈農業関係者以外〉
総議決権の1／2未満 |

（4）役員要件

農業の常時従事要件（農地法2条3項3号）

理事等（農事組合法人にあっては理事、株式会社にあっては取締役、持分会社にあっては業務を執行する社員）の数の過半をその法人の行う農業に常時従事[注5]（原則年間150日以上）する構成員（組合員、株主又は社員）が占めること。

> 注5　認定農業者である農地所有適格法人に常時従事する理事等は、出資先の農地所有適格法人が認定を受けた農業経営改善計画に基づいて出資先の法人の役員を年間30日以上の農業従事で兼務することが可能です（基盤強化法14条の2第2項、同法省令14条）。

（5）農作業の常時従事要件（農地法2条3項4号）

その法人の理事等又は権限及び責任を有する使用人のうち1人以上がその法人の行う農業に必要な農作業に原則として年間60日以上従事すること。

5）農業委員会への報告と農地所有適格法人が要件を欠いた場合の取り扱い

（1）農地所有適格法人は毎年、必要な事項（名称と所在地、経営面積、事業の種類と売上高、構成員の氏名等と議決権、構成員や理事の法人の農業への従事状況、理事等又は使用人の農作業への従事状況等（農地法省令59条））を農業委員会に報告（報告書の様式は、「農地所有適格法人報告書」（農地法に係る事務処理要領の様式例第5号の1）を参照）するとともに、農業委員会は要件を欠くおそれのある法人に対し、必要な措置を講ずべきことを勧告し、法人から申出があった場合には、農地の譲渡についてのあっせんに努めることとしています（農地法6条）。

（2）農地所有適格法人がその要件を欠いて農地所有適格法人でなくなると、その法人の所有する農地等と、その法人に貸し付けられている農地等は、最終的には国が買収することになります。ただし、その法人が農地等以外の土地を取得して農地等としたもの、昭和37年7月1日前から所有していた農地等などは買収から除外されます（農地法7条1項）。

（3）農地所有適格法人が農地所有適格法人でなくなると、農業委員会は、その法人の所有する農地等と、その法人に貸し付けられている農地等については、買収すべき農地等として公示し、その所有者に通知します。ただし、相当な努力が払われたと認められるものとして農地法政令18条で定める方法により探索を行ってもなお当該所有者を確知することができないときは、通知する必要はありません（農地法7条2項、3項）。

　この公示があったときは、その法人は3カ月以内に再び農地所有適格法人になるための要件を全て備えるよう努力し、農地所有適格法人の要件を回復すれば公示は取り消され、買収されることはありません（農地法7条5項）。

　もし、その3カ月以内に農地所有適格法人の要件を回復することができなかったときは、その後3カ月以内に、その法人は買収対象になる農地等を譲渡し、その法人に貸し付けている農地等の所有者はその返還を受けなければなりません。この期間が過ぎても、所有していたり、貸し付けられている農地等は最終的に国が買収することになります。

Ⅰ 農地法

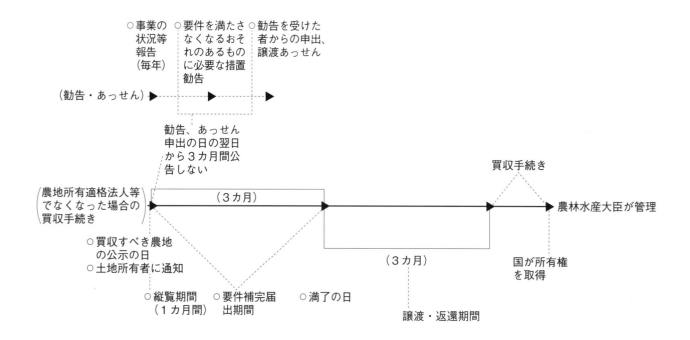

（買収手続き）

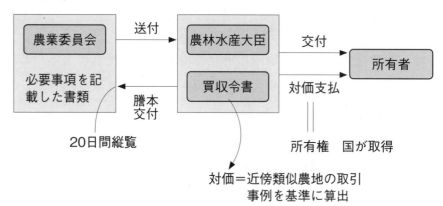

（売払手続き）

原則として競争入札

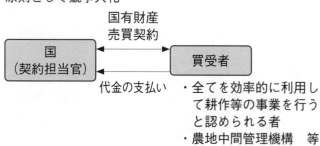

④　農地以外に転用する場合、転用のために権利を取得する場合の許可

農地転用（農地法４条及び５条）の許可、届出面積（令和２年）
(単位：面積・ha)

	４条	５条	４、５条以外	農地転用合計
許　可	887	6,696		7,583
届　出	679	2,148		2,827
協　議	－	21		21
合　計	1,566	8,865	5,634	10,431

注：四捨五入をしているため内訳の計と合計が必ずしも一致しません
資料：農林水産省「農地の権利移動・借賃等調査」

用途別農地転用面積（令和２年）
(単位：ha、(%))

		総　数	住宅用地	公的施設用地	学校用地	公園・運動場用地	道水路・鉄道用地	工鉱業（工場）用地	商業・サービス等用地	その他の業務用地	植　林	その他
許可	４条	887(100.0)	160(18.1)	8(0.9)	1(0.1)	4(0.4)	1(0.1)	3(0.4)	35(4.0)	566(63.8)	112(12.6)	2(0.3)
	５条	6,696(100.0)	1,406(21.0)	200(3.0)	64(1.0)	23(0.4)	16(0.2)	312(4.7)	423(6.3)	4,296(64.2)	38(0.6)	23(0.3)
	計	7,583(100.0)	1,566(20.7)	207(2.7)	65(0.9)	27(0.4)	17(0.2)	315(4.2)	458(6.0)	4,862(64.1)	150(2.0)	25(0.3)
法届 ４、５条出		2,827(100.0)	1,646(58.2)	49(1.7)	14(0.5)	2(0.1)	5(0.2)	142(5.0)	207(7.3)	778(27.5)	3(0.1)	1(0.0)
法協 ４、５条議		21.0(100.0)	0(0.0)	21.0(100.0)	4.7(22.2)	0(0.0)	0(0.0)	0(0.0)	0(0.0)	0(0.0)	0(0.0)	0(0.0)
法該 ４、５条当以外		5,634(100.0)	175(3.1)	704(12.5)	15(0.3)	27(0.5)	614(10.9)	39(0.7)	17(0.3)	801(14.2)	3,797(67.4)	101(1.8)
合　計		16,066(100.0)	3,388(21.1)	982(6.1)	99(0.6)	56(0.3)	636(4.0)	496(3.1)	682(4.2)	6,440(40.1)	3,950(24.6)	127(0.8)

注１：（ ）は構成比％。
注２：その他の業務用地は、農林漁業用施設、駐車場・資材置場、土石等採取用地、再エネ発電設備等を指す。

I　農地法

1）農地を転用するときの許可を受ける手順

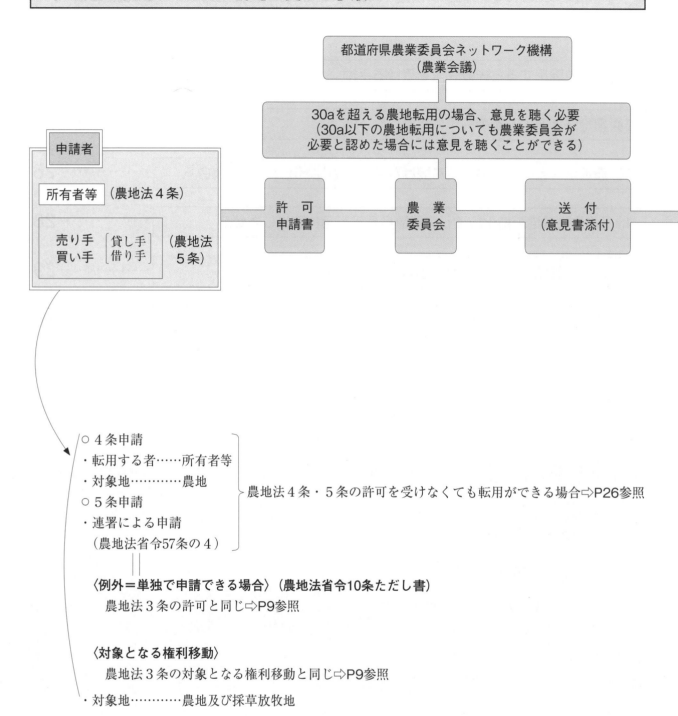

都道府県農業委員会ネットワーク機構
（農業会議）

30aを超える農地転用の場合、意見を聴く必要
（30a以下の農地転用についても農業委員会が
必要と認めた場合には意見を聴くことができる）

申請者

所有者等（農地法4条）

売り手　貸し手　（農地法
買い手　借り手　　5条）

許　可
申請書

農　業
委員会

送　付
（意見書添付）

○4条申請
・転用する者……所有者等
・対象地…………農地
○5条申請
・連署による申請
　（農地法省令57条の4）

農地法4条・5条の許可を受けなくても転用ができる場合⇨P26参照

〈例外＝単独で申請できる場合〉（農地法省令10条ただし書）
　　農地法3条の許可と同じ⇨P9参照

〈対象となる権利移動〉
　　農地法3条の対象となる権利移動と同じ⇨P9参照

・対象地…………農地及び採草放牧地

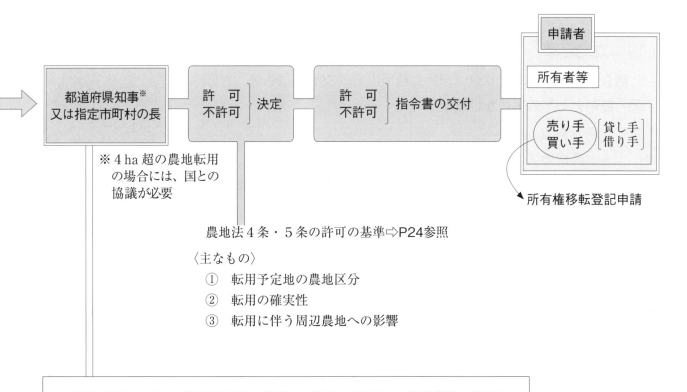

※ 4 ha 超の農地転用
　の場合には、国との
　協議が必要

農地法 4 条・5 条の許可の基準⇨P24参照

〈主なもの〉
① 転用予定地の農地区分
② 転用の確実性
③ 転用に伴う周辺農地への影響

所有権移転登記申請

　指定市町村とは、農地転用許可制度を適正に運用し、優良農地を確保す
る目標を立てるなどの要件を満たしているものとして、農林水産大臣が指
定する市町村のことをいう。指定市町村の長は、農地転用許可制度におい
て、都道府県知事と同様の権限を有することになる。

2）農地法４条・５条の許可の基準

　基準は大きく分けて、（1）農地が優良農地か否かの面からみる「立地基準」と、（2）確実に転用事業に供されるか、周辺の営農条件に悪影響を与えないか等の面からみる「一般基準」とからなっており、両方を満たす必要があります（※以下、根拠条文は農地法４条についてのみ記載します）。

（1）　立地基準

　優良農地の確保を図りつつ、社会経済上必要な需要に適切に対応

① 　原則として許可しない農地

ア　優良農地

ⅰ　**農用地区域**内にある農地（農地法４条６項１号イ）

ⅱ　**第１種農地**　集団的に存在する農地その他の良好な営農条件を備えている農地（おおむね10ha以上の規模の一団の農地、土地改良事業を実施した農地等（農地法政令５条））で第２種農地、第３種農地に該当しない農地（農地法４条６項１号ロ）

ⅲ　**甲種農地**　市街化調整区域内にある特に良好な営農条件を備えている農地（農地法政令６条）（おおむね10ha以上の規模の一団の農地のうち「高性能の農業機械による営農に適するもの」（農地法政令６条１号、農地法省令41条）、「特定土地改良事業等[注]（区画整理、農地造成等に限る。）の区域内で工事完了の翌年度から起算して８年経過していないもの」（農地法政令６条２号、農地法省令42条））

注「特定土地改良事業」とは、農地法政令５条２号に規定する土地改良事業等をいいます。

イ　許可できる場合（「不許可の例外」農地法４条６項ただし書）

アのⅰ　**農用地区域**内の農地（農地法４条６項１号イ、農地法政令４条１項１号）の場合

a　土地収用法26条１項の告示のあった事業（道路等）の用に供する場合（農地法４条６項ただし書）

b　農振法に基づく農用地利用計画の指定用途（畜舎等農業用施設用地）に供する場合（農地法４条６項ただし書）

c　仮設工作物の設置その他の一時的な利用に供する場合で農振整備計画の達成に支障を及ぼすおそれがない場合（農地法政令４条１項１号イ、ロ）　等

アのⅱ　**第１種農地**（農地法４条６項１号ロ、農地法政令４条１項２号）の場合

a　土地収用法26条１項の告示のあった事業の用に供する場合

b　仮設工作物の設置その他の一時的な利用に供する場合（農地法政令４条１項２号）

c　農業用施設、農畜産物販売施設等、その他地域の農業の振興に資する施設の利用に供する場合（農地法政令４条１項２号イ）

d　集落に接続して住宅等を建設する場合（農地法省令33条１項４号）

e　火薬庫等市街地に設置することが困難又は不適当な施設の用に供する場合（農地法政令４条１項２号ロ、農地法省令34条）

　　f　国、県道の沿道に流通業務施設、休憩所、給油所等を設置する場合（農地法省令35条4号）

　　g　土地収用法3条に該当する事業等公益性が高いと認められる事業の用に供する場合（農地法政令4条1項2号ホ、農地法省令37条）

　　h　地域の農業の振興に関する地方公共団体の計画（市町村農業振興地域整備計画又は同計画に沿って市町村が策定する計画）に即して行われる場合（農地法政令4条1項2号へ、農地法省令38条）　等

アのⅲ　**甲種農地**（農地法政令6条）

　　a　特に良好な営農条件を備えている農地であることから、第1種農地で許可できる場合のうち「e、g」を除く（農地法省令34条、37条）など許可し得る場合が第1種農地より更に限定されます。

　　b　また、第1種農地で許可する場合の「d」の「集落に接続して住宅等を建設する場合」の施設については、敷地面積がおおむね500㎡を超えないものに限られます（農地法省令33条4号）。

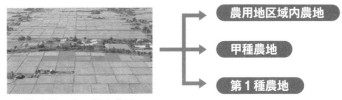

生産性の高い優良農地

②　原則として許可する農地

　ア　**第3種農地**　市街地の区域内又は市街地化の傾向が著しい区域内の農地（農地法4条6項1号ロ（1））

市街地の農地

　イ　**第2種農地**　アの区域に近接する区域その他市街地化が見込まれる区域内の農地（農地法4条6項1号ロ(2)）又は集団的に存在する農地その他の良好な営農条件を備えている農地でも第3種農地でもない農地（周辺の他の土地では事業の目的を達成することができない場合）（農地法4条6項2号）

小集団の未整備農地　　　市街地近郊農地

（2） 一般基準

ア 農地の全てを確実に事業の用に供すること（農地法4条6項3号）

  ⅰ 事業者に資力・信用はあるか

  ⅱ 農地を農地以外のものにする行為の妨げとなる権利を有する者の同意を得ているか

  ⅲ 他法令の許可の見込みはあるか（農地法省令47条2号） 等

イ 周辺の営農条件に悪影響を与えないこと（農地法4条6項4号）

  ⅰ 土砂の流出又は崩壊その他の災害を発生させるおそれはないか

  ⅱ 農業用用排水施設の有する機能に支障が生じないか 等

ウ 地域における農地の農業上の効率的かつ総合的な利用の確保に支障を生ずるおそれがないこと（農地法4条6項5号）

  ⅰ 基盤法19条に規定する地域計画の「計画案公告」から「計画公告」までの間に、当該計画案に係る農地を転用することで、当該計画に基づく農地の効率的かつ総合的な利用に支障が生じないか（農地法省令47条の3第1号）

  ⅱ 基盤法19条に規定する地域計画に係る農地を転用することで、当該計画の達成に支障が生じないか（農地法省令47条の3第2号）

  ⅲ 農用地区域を定めるための「計画案公告」から「計画公告」の間に、当該「計画案公告」に係る市町村農業振興地域整備計画の案に係る農地（農用地区域として定める区域内にあるものに限る）を転用することで、当該計画に基づく農地の農業上の効率的かつ総合的な利用の確保に支障が生じないか（農地法省令47条の3第3号）

エ 一時転用の場合は、その後確実に農地に戻すこと（農地法4条6項6号）

オ 一時転用のため権利を取得する場合は、所有権を取得しないこと（農地法5条2項6号）

カ 農地を採草放牧地にするため権利を取得しようとする場合は、農地法3条2項の許可できない場合に該当しないこと（農地法5条2項8号）

3）農地法4条・5条の許可を受けなくても農地転用ができる場合

（1） 次に掲げるものは許可を要しないものとされています（農地法4条1項ただし書、5条1項ただし書）。（以下、根拠条文は農地法4条についてのみ記載します）

① 国又は都道府県等が、道路・農業用用排水施設その他の地域振興上又は農業振興上の必要性が高いと認められる施設（農地法省令25条で定められています。学校・病院・社会福祉施設・庁舎・宿舎等は除かれているのでこれらについては許可権者と協議が必要となります）の用に供する転用（農地法4条1項2号） 注 協議が調えば許可があったものとみなされます。

② 地方公共団体（都道府県等を除く）が道路、河川等土地収用法の対象事業に係る施設（学校、病院、社会福祉施設、庁舎については許可が必要となります）に供するためのその区域内での転用（農地法省令29条6号）

③ 土地収用法その他の法律によって収用し、又は使用した農地をその収用・使用目的に供する転用（農地法4条1項6号）

④ 中間管理法に基づく農用地利用集積等促進計画の定めるところによって行われる転用（農地法 4 条 1 項 3 号）

⑤ 特定農山村法に基づく所有権移転等促進計画の定める利用目的に供するための転用（農地法 4 条 1 項 4 号）

⑥ 農山漁村活性化法に基づく所有権移転等促進計画に定める利用目的に供するための転用（農地法 4 条 1 項 5 号）

⑦ 電気事業者が送電用電気工作物等に供するための転用（農地法省令29条13号）

⑧ 認定電気通信事業者が有線電気通信のための線路、空中線系若しくは中継施設等に供するための転用（農地法省令29条16号）

⑨ 地方公共団体、災害対策基本法に基づく指定公共機関若しくは指定地方公共機関が非常災害の応急対策又は復旧のために必要となる施設の敷地に供するための転用（農地法省令29条17号）

⑩ ガス事業法 2 条12項に規定するガス事業者が、ガス導管の変位の状況を測定する設備又はガス導管の防食措置の状況を検査する設備の敷地に供するための転用（農地法省令29条18号）

⑪ 東日本高速道路株式会社、首都高速道路株式会社、中日本高速道路株式会社、西日本高速道路株式会社、阪神高速道路株式会社又は本州四国連絡高速道路株式会社、地方道路公社、独立行政法人水資源機構、独立行政法人鉄道建設・運輸施設整備支援機構、全国新幹線鉄道整備法 9 条 1 項による許可を受けた者、成田国際空港株式会社（農地法省令29条 7 号～10号）等がその業務として道路、ダム、水路、鉄道施設、航空保安施設等の施設に供するための転用

⑫ 土地改良法に基づく土地改良事業による転用（農地法省令29条 4 号）

⑬ 土地区画整理法に基づく土地区画整理事業により公園等公共施設を建設するため又はその建設に伴い転用される宅地の代地に供するための転用（農地法省令29条 5 号）

⑭ 耕作する者が自己の農地の保全、若しくは利用上必要な施設（例えば、耕作の事業に必要な道路、用排水路、土留工、防風林等）に供するための転用、又は 2 a 未満の農業用施設用地への転用（権利の取得を伴う場合は農地法 5 条の許可が必要です）（農地法省令29条 1 号）

2 市街化区域内の農地を転用する場合は、あらかじめ農業委員会に所定の事項の届出（⇨P29 参照）を行えば転用許可は要しないこととなっています（農地法 4 条 1 項 7 号）。

4）「農作物栽培高度化施設」の設置は農地転用に該当しません

　あらかじめ農業委員会に届け出た上で「農作物栽培高度化施設^注」を設置する場合には、施設の内部を全面コンクリート張りにしたとしても農地転用許可を受ける必要はなく、農地法上、農地と同様に取り扱われます（農地法43条）。

　　注「農作物栽培高度化施設」とは、専ら農作物の栽培の用に供する施設で、周辺農地の日照に影響を及ぼすおそれがないこと等の要件を満たすものです。

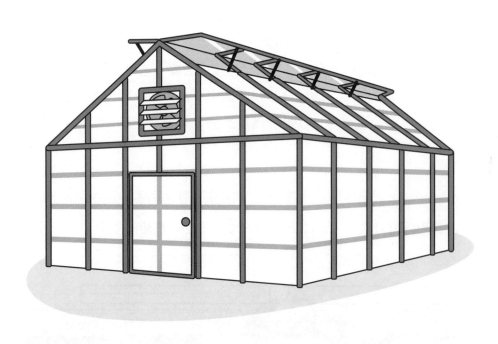

5）市街化区域内の農地転用届出の手順

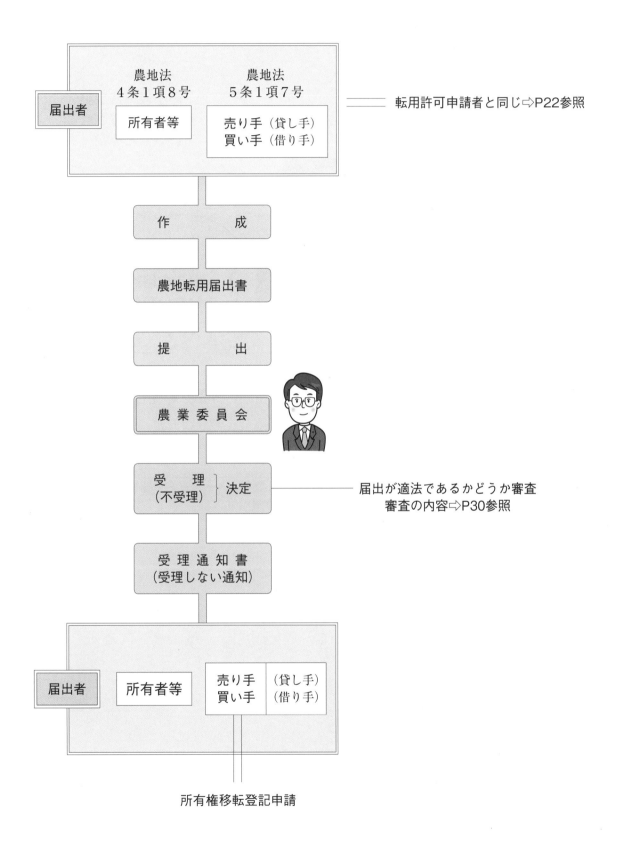

- 届出者
  - 農地法 4条1項8号　所有者等
  - 農地法 5条1項7号　売り手（貸し手）買い手（借り手）
  - 転用許可申請者と同じ⇨P22参照
- 作　　成
- 農地転用届出書
- 提　　出
- 農業委員会
- 受　理（不受理）｝決定
  - 届出が適法であるかどうか審査 審査の内容⇨P30参照
- 受理通知書（受理しない通知）
- 届出者
  - 所有者等
  - 売り手 買い手｜（貸し手）（借り手）
- 所有権移転登記申請

６）市街化区域内の農地転用届出の審査の内容

上記①～④を速やかに調査し、届出が適法であるかどうかを審査して、受理又は
不受理を決定します（農地法に係る事務処理要領第４の５（５））。

注　農地法関係事務処理要領の制定について（最終改正：令和５年３月31日４経営第3238号・４農振
　　第3647号農林水産省経営局長・農村振興局長連名通知）の別紙1

❺　賃借人の保護など農地の賃貸借関係に関する制度

　農地法では農地を借りて耕作している者の地位の安定を図るとともに、土地利用の合理化を図る観点から、農地の賃貸借については、次のような特別の規定を設けています。

1）対抗力の付与（農地法 16 条）

　農地等の賃貸借は、登記がなくても引き渡しを受ければ、その後、所有権等の物権を取得した第三者に対抗することができます。

2）法定更新（農地法 17 条）

　期間の定めのある農地等の賃貸借において、期間満了の1年前から6カ月前までに、更新しない旨の通知（知事の許可が必要）をしなければ、従前と同一条件で、さらに賃貸借したものとみなされます（これを「法定更新」といいます）。

　この場合の「同一条件」には、特約がない限り期間は含まないものと解され、更新後の賃貸借は期間の定めがない賃貸借として存続することとなります（昭和35年7月8日最高裁判決）。

　なお、農地中間管理事業の推進に関する法律18条7項の規定による公告があった農用地利用集積等促進計画の定めるところによって設定された賃貸借は、この限りではありません。

　また、令和4年改正前の旧基盤強化法19条の規定により公告された農用地利用集積計画の定めるところにより設定されている賃貸借も同様にこの法定更新の適用はありません。

3）解約等の制限（農地法 18 条）

　農地等の賃貸借について解約等を求める場合には、原則として都道府県知事の許可が必要です（詳しくはP32〜36）。

❻　賃貸借を解約するための許可

農地法18条に基づく賃貸借の解約状況

		令和２年
件　数（件）	許　可	24
	通　知	68,451
	計	68,475
面　積（ha）	許　可	17.2
	通　知	39,099
	計	39,116

資料：農林水産省「農地の権利移動・借賃等調査」

基盤強化法による利用権及び中間管理法による賃借権の終了数（令和２年）

	基　盤　強　化　法				中間管理法
	総　数	賃借権	使用貸借による権利	農業経営の委託による権利	総　数
件数（件）	173,231	134,147	39,084	－	2,994
面積（ha）	68,798	57,795	11,003	－	1,999

資料：農林水産省「農地の権利移動・借賃等調査」
　注：令和２年に利用権が終了したもののうち、同年中に再設定したもの（予定を含む）は、基盤強化法によるものが件数で62.4％、面積で69.6％、中間管理法によるものが件数で78.6％、面積で88.0％

１）賃貸借の解約等

賃貸している農地の返還を受ける場合

原則：農地法18条の許可を受けることが必要

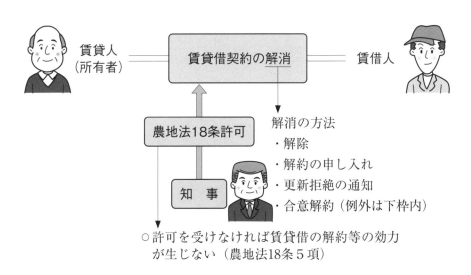

例外：合意解約等（許可を受ける必要がない場合⇨P36参照）

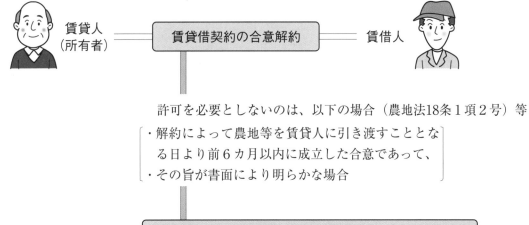

許可を必要としないのは、以下の場合（農地法18条１項２号）等

・解約によって農地等を賃貸人に引き渡すこととなる日より前６カ月以内に成立した合意であって、
・その旨が書面により明らかな場合

2）農地法 18 条の許可を受ける手順

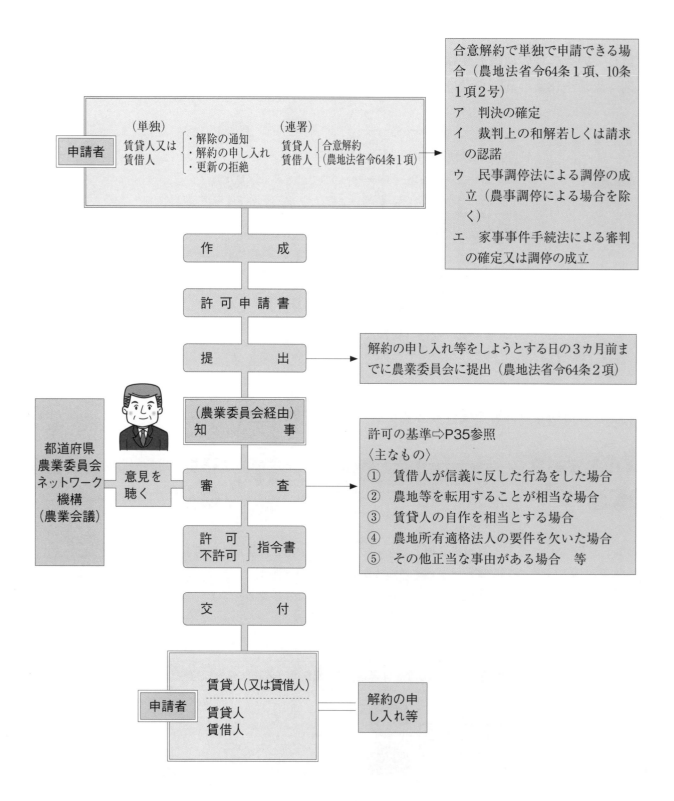

合意解約で単独で申請できる場合（農地法省令64条1項、10条1項2号）

ア　判決の確定

イ　裁判上の和解若しくは請求の認諾

ウ　民事調停法による調停の成立（農事調停による場合を除く）

エ　家事事件手続法による審判の確定又は調停の成立

解約の申し入れ等をしようとする日の3カ月前までに農業委員会に提出（農地法省令64条2項）

許可の基準⇨P35参照

〈主なもの〉

① 賃借人が信義に反した行為をした場合

② 農地等を転用することが相当な場合

③ 賃貸人の自作を相当とする場合

④ 農地所有適格法人の要件を欠いた場合

⑤ その他正当な事由がある場合　等

3）農地法 18 条の許可の基準（農地法 18 条 2 項）

1号　賃借人が信義に反した行為をした場合

　　賃借人が、催告を受けたにもかかわらず借賃を支払わないとか、賃貸人に無断で他に転貸したり農地以外に転用した場合、特別の事由もなしに不耕作としている場合等で、所有者に従来どおりの賃借関係を継続させることが客観的にみて無理であると認められるような場合。

2号　農地等を転用することが相当な場合

　　農地等以外に転用する具体的な計画があって、それに確実性があり、また農地等の立地条件からして転用の許可が見込まれ、かつ賃借人の経営及び生計状況や離作条件等からみて転用実現のため賃貸借を終了させることが相当の場合。

3号　賃貸人の自作を相当とする場合

　　賃借人の生計、賃貸人の経営能力等を考慮し、賃貸人がその農地又は採草放牧地を耕作又は養畜の事業に供することを相当とする場合。

4号　賃借人が農地法36条の農地中間管理権の取得に関する勧告を受けた場合

5号　農地所有適格法人の要件を欠いた法人から賃貸している農地の返還を受ける場合など

　　賃借人である農地所有適格法人が要件を満たさなくなった場合、又は賃貸人が農地所有適格法人の構成員でなくなり、その法人から貸付地の返還を受けてその賃貸人又は世帯員等が効率的な経営をする場合。

6号　その他正当な事由がある場合

　　1号～5号の場合以外であって、例えば賃借人が離農する場合、農地を適正かつ効率的に利用していない場合等解約を認めることが相当の場合。

4）農地法18条の許可を受けなくても解約等ができる場合 ＝農業委員会に通知（農地法18条1項ただし書各号）

1号　農業協同組合又は農地中間管理機構が農地信託に係る農地を貸し付けている場合において、信託期間の満了に際してその委託者に農地等を引き渡すため、信託期間満了前1年以内に賃貸借が終了することとなる貸付地等の返還を受ける場合

2号ア　賃貸人と貸借人が話し合いにより合意解約を行う場合

　　　　ただし、その解約によって農地等を賃貸人に引き渡すこととなる日前6カ月以内に成立した合意でその旨が書面により明らかな場合に限られます。

**　　イ**　民事調停法による農事調停によって合意解約が行われる場合

3号ア　10年以上の期間の定めがある賃貸借（解約権を留保しているもの等を除く）について更新拒絶の通知が行われる場合

**　　イ**　水田裏作を目的とする期間の定めがある賃貸借について更新拒絶の通知が行われる場合

4号　農地法3条3項の適用を受け同条1項の許可を受けて設定された解除条件付賃貸借が、当該農地を適正に利用していないため、あらかじめ農業委員会に届け出て解除される場合

5号　農地中間管理機構が中間管理法2条3項1号に掲げる業務の実施により借り受け、又は同項2号に掲げる業務若しくは基盤強化法7条1号に掲げる事業の実施により貸し付けた農地等に係る賃貸借の解除が、同法の規定により都道府県知事の承認を受けて行われる場合

　　　　旧基盤強化法の農用地利用集積計画で設定された解除条件付賃貸借が、当該農地が適正に利用されていないため、あらかじめ農業委員会に届け出て解除される場合（農地法附則5条の経過措置）

※　なお、「存続期間の満了」は、農地等の賃貸借については農地法17条の法定更新[注]の規定との関係により一般的には賃貸借の終了事由とはなりませんが、例外的に次の場合は賃貸借の終了事由となります。→民法の原則に従って、存続期間が満了したときは、その時に自動的に終了します（農地法17条ただし書）。

**　ア**　存続期間が1年未満の水田裏作を目的とする賃貸借

**　イ**　農地法37条から40条までの規定によって設定された農地中間管理権に係る賃貸借

**　ウ**　中間管理法の農用地利用集積等促進計画によって設定又は移転された賃借権に係る賃貸借

　　　　旧基盤強化法の農用地利用集積計画によって設定又は移転された賃借権に係る賃貸借（農地法附則5条の経過措置）

注　農地等の賃貸借で期間の定めがあるものについては、賃貸借の法定更新の規定（農地法17条本文）によって、期間の満了時に返還を求めたい場合には、原則として期間満了前の一定期間内に相手方に対し更新拒絶の通知を行う必要があります。

　　　　→この通知を行う場合にはあらかじめ農地法18条の賃貸借の解約等の許可を受ける必要があります。

7　遊休農地に関する措置

荒廃農地面積の推移

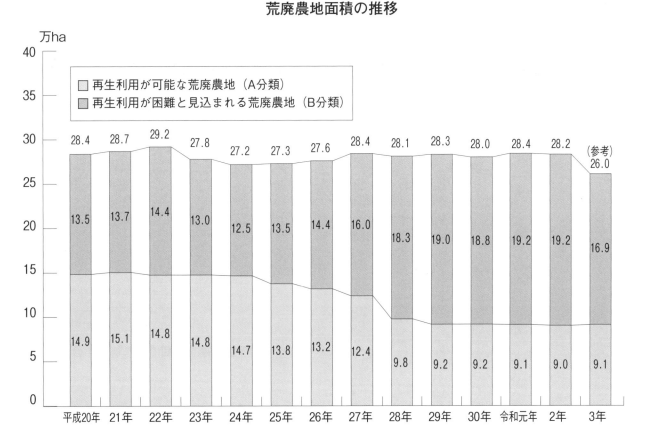

資料：農林水産省「荒廃農地の現状と対策について」
注　：令和３年の荒廃農地面積については、主に①都道府県への非農地判断の徹底通知（令和３年４月１日
　　　２経営第3505号農林水産省経営局農地政策課長通知）の発出、②調査の一本化及び調査内容の見直し、
　　　③ドローンの導入等による調査精度の向上の影響により特にB分類が減少したため、前年度までとの
　　　合計値の単純比較はできないことに留意されたい。

Ⅰ　農地法

1）事務の手順と措置の内容

農地法に基づく遊休農地に関する措置の概要

○　農業委員会が毎年１回、農地の利用状況を調査し、遊休農地の所有者等に対する意向調査を実施。

○　意向どおり取り組みを行わない場合、農業委員会は、農地中間管理機構との協議を勧告し、最終的に都道府県知事の裁定により、同機構が農地中間管理権を取得できるよう措置。

○　所有者が分からない遊休農地（共有地の場合は過半の持分を有する者が確知することができない場合）については、公示手続き（⇨下図及びP52、53参照）で対応。

○　利用権の設定に関する知事の裁定

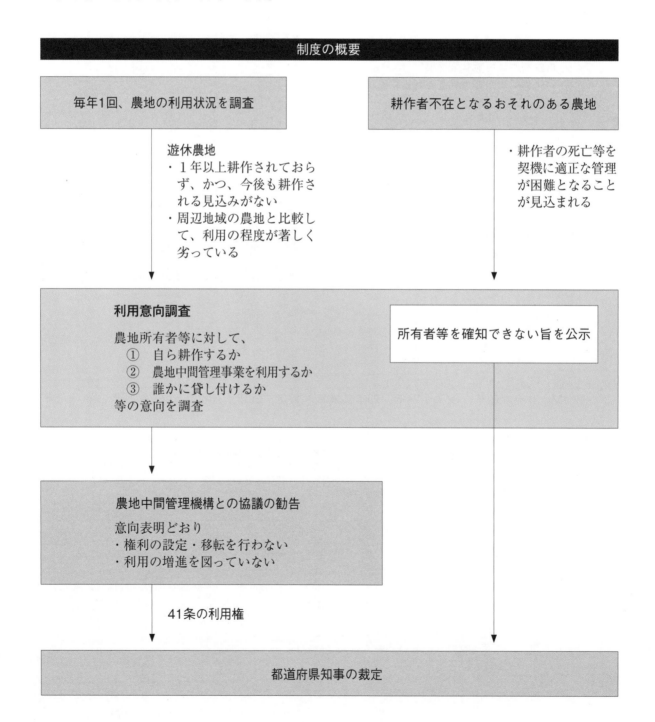

利用状況調査の内容

○　農地の利用状況調査により、遊休農地を確認し、「再生可能」と「再生困難」に仕分け。

○　「再生可能」な遊休農地は、農地中間管理機構への貸し付けを誘導。

○　農地として「再生困難」な土地は、農業委員会が速やかに「非農地判断」。

「再生可能」	「再生困難」
・2号遊休農地 荒廃農地には該当しないが、低利用の農地 ・1号遊休農地 再生利用を目指す荒廃農地	農地として再生を目指さない土地 （草刈りや農業機械による耕起で作付けできる土地は該当しない）

1．農業委員会が利用意向調査を実施し、機構への貸し付けを誘導 2．市街化区域以外の地域では、機構が借り受け （※借り受け希望者の募集に応じる者がいない区域は、この限りでない） ・参入企業の積極誘致等による借り受け希望者の発掘	1．農業委員会（総会の議決）による速やかな非農地判断 ・農地台帳の整理 ・所有者に対して非農地通知 ・法務局・市町村・都道府県に対して非農地通知一覧の送付 2．「農地以外の利用」の促進 里山、畜産、6次化施設、再エネ施設など地域農業の振興につながる利用を優先検討

2）病害虫の発生等に対する措置

市町村長の措置（農地法42条）

・現に耕作されておらず、かつ引き続き耕作に供しないと認められる農地
・利用程度が周辺に比べて著しく劣っている農地

（農地法 32 条 1 項各号）

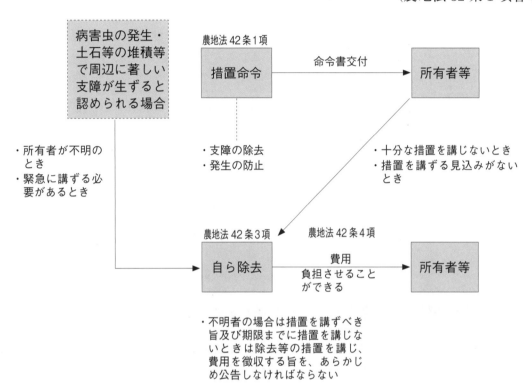

❽　農地台帳・地図の作成・公表

```
求めに応じて提供      農地法省令103条
┌─────────┐              ┌─────────────┐
│ 農 業 委 員 会 │  ⟹      │ 農地中間管理機構 │
└─────────┘              │ 土 地 改 良 区 │
   農地法52条の2          └─────────────┘
        ⬇
```

┌───┐
│ 農地台帳の作成　　・所掌事務を的確に行うため

（1）　1筆の農地ごとに次の事項を記録した農地台帳を作成する（農地法52条の2第1項、農地法省令101条）。

① 　農地の所有者の氏名又は名称及び住所

② 　農地の所在、地番、地目及び面積

③ 　農地に地上権、永小作権、質権、使用貸借による権利、賃借権又はその他の使用及び収益を目的とする権利が設定されている場合には、これらの権利の種類及び存続期間並びにこれらの権利を有する者の氏名又は名称及び住所並びに借賃等の額

④ 　耕作者の氏名又は名称及びその者の整理番号（農地法省令101条1号）

⑤ 　農地の所有者の国籍等（農地法省令101条2号）

⑥ 　農地の所有者が法人である場合には、主要株主等の氏名、住所及び国籍等（農地法省令101条3号）

⑦ 　設定されている賃借権等が農地法3条の許可か中間管理法により公告があった農用地利用集積等促進計画により設定等された権利か等（農地法省令101条4号）

⑧ 　遊休農地に関する措置の実施状況（農地法省令101条5号）

⑨ 　農業振興地域、農用地区域、都市計画区域、市街化区域、市街化調整区域、生産緑地地区、地域計画の区域の該当（農地法省令101条7号）

⑩ 　贈与税・相続税の納税猶予を受けているか（農地法省令101条8号）

⑪ 　農地中間管理権又は経営受託権が設定されているか（農地法省令101条9号）等

（2）　農地台帳は、その全部を磁気ディスクをもって調製する（農地法52条の2第2項）。

（3）　記録又は修正若しくは消去は、法律の規定による申請若しくは届出又は情報の収集により行うものとし、正確な記録を確保するよう努める（農地法52条の2第3項）。
└───┘
```
        ⬇
```

┌──────────────────────┐
│ 農地台帳及び地図の公表　　・農地情報の活用の促進

（1）　農地台帳に記録した事項（個人の権利・利益を害するものその他の公表することが適当でないもの[注]を除く）をインターネットの利用その他の方法で公表する（農地法52条の3第1項）。

（2）　農地に関する情報の活用の促進に資するよう、農地台帳のほか、農地に関する地図を作成し、これをインターネットの利用その他の方法で公表する（農地法52条の3第2項）。

注

1　市街化区域内にある農地：全ての事項

2　1以外の農地：住所、借賃等の額、贈与税・相続税の納税猶予の適用の有無等

（農地法省令104条）

eMAFF 農地ナビ

農林水産省が管理する「eMAFF農地ナビ」（https://map.maff.go.jp/）では、農業委員会が公表する農地台帳および地図をインターネット上で全国一元的に公表しています。

Ⅱ　農業経営基盤強化促進法

農地の権利移動面積の推移

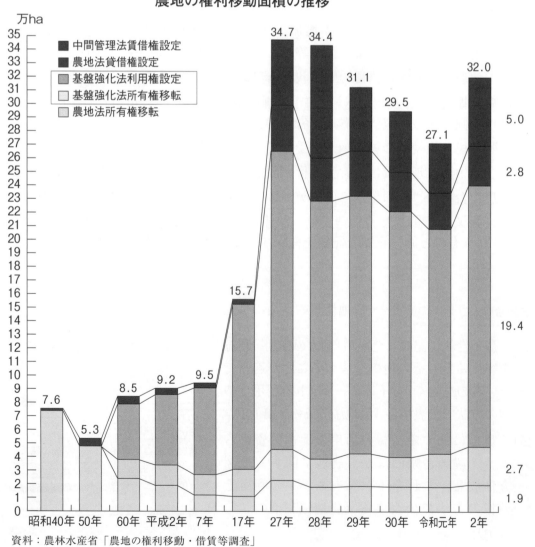

資料：農林水産省「農地の権利移動・借賃等調査」

❶ 基盤強化法の仕組み

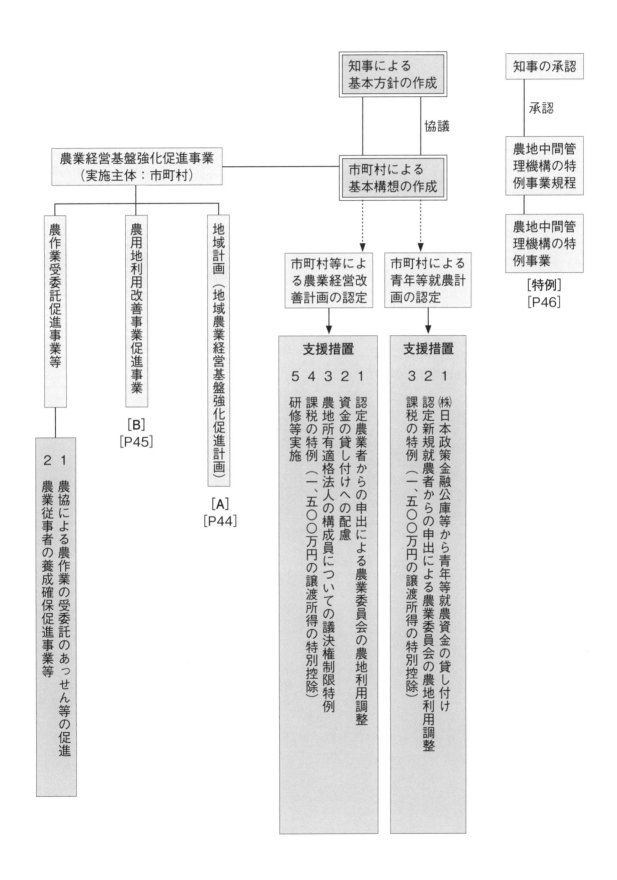

知事による
基本方針の作成

知事の承認

┃協議

承認

農業経営基盤強化促進事業
（実施主体：市町村）

市町村による
基本構想の作成

農地中間管
理機構の特
例事業規程

農地中間管
理機構の特
例事業

市町村等によ
る農業経営改
善計画の認定

市町村による
青年等就農計
画の認定

［特例］
［P46］

農
作
業
受
委
託
促
進
事
業
等

農
用
地
利
用
改
善
事
業
促
進
事
業

［B］
［P45］

地
域
計
画
（
地
域
農
業
経
営
基
盤
強
化
促
進
計
画
）

［A］
［P44］

支援措置

5 4 3 2 1

研
修
等
実
施

資
金
の
貸
し
付
け
へ
の
配
慮

農
地
所
有
適
格
法
人
の
構
成
員
に
つ
い
て
の
議
決
権
制
限
特
例

課
税
の
特
例
（
一
、
五
〇
〇
万
円
の
譲
渡
所
得
の
特
別
控
除
）

認
定
農
業
者
か
ら
の
申
出
に
よ
る
農
業
委
員
会
の
農
地
利
用
調
整

支援措置

3 2 1

課
税
の
特
例
（
一
、
五
〇
〇
万
円
の
譲
渡
所
得
の
特
別
控
除
）

認
定
新
規
就
農
者
か
ら
の
申
出
に
よ
る
農
業
委
員
会
の
農
地
利
用
調
整

㈱
日
本
政
策
金
融
公
庫
等
か
ら
青
年
等
就
農
資
金
の
貸
し
付
け

2 1

農
協
に
よ
る
農
作
業
の
受
委
託
の
あ
っ
せ
ん
等
の
促
進

農
業
従
事
者
の
養
成
確
保
促
進
事
業
等

❷　地域計画（地域農業経営基盤強化促進計画）

[A]

```
地域計画の作成
（実施主体：市町村）
```

市町村の基本構想に規定
・農業者等による協議の場の設置の方法
・地域計画の区域の基準
・地域計画の達成に資するための農地中間管理事業及び特例事業（農地売買等支援事業）に関する事項

↓

市町村が協議の場を設置し協議を実施
> 農地所有者、担い手と関係機関等が地域農業の将来の在り方等を協議

↓

市町村が協議の場の結果を取りまとめ公表

農業委員会が目標地図素案を作成・提出

目標地図とは
> タブレット等を活用して収集した出し手・受け手の意向を基に、現況地図に将来の農地の集積・集約化の目標を落としたもの

→

協議の結果を踏まえ、地域計画案（目標地図を含む）作成

地域計画の内容

ア　地域計画の区域
イ　区域における農業の将来の在り方
ウ　農用地の効率的かつ総合的な利用に関する目標
エ　目標を達成するためにとるべき農用地の利用関係の改善その他必要な事項

市町村、農業委員会、所有者等から提案があった場合
オ　利用権の設定等を受ける者を農地中間管理機構に限定する旨（所有者等の３分の２以上の同意）

↓

地域計画案の説明会の実施・農業委員会、農地中間管理機構、農業協同組合等への意見聴取

↓

市町村が地域計画案の公告（２週間の縦覧）

↓

市町村が地域計画の策定・公告

※市町村・農業委員会等は、地域計画の達成に向け利用権の設定等を促進する活動を実施

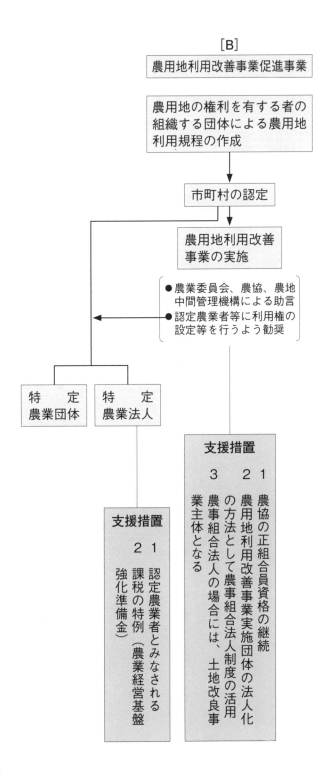

❸　農地中間管理機構の特例事業

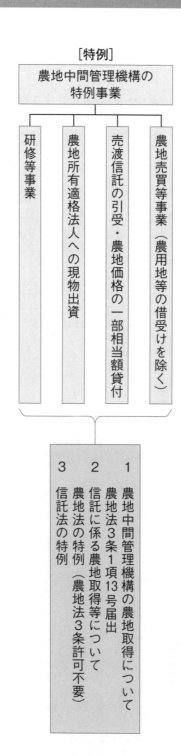

［特例］

農地中間管理機構の
特例事業

- 研修等事業
- 農地所有適格法人への現物出資
- 売渡信託の引受・農地価格の一部相当額貸付
- 農地売買等事業（農用地等の借受けを除く）

1　農地中間管理機構の農地取得について
　農地法３条１項13号届出

2　農地法の特例（農地法３条許可不要）
　信託に係る農地取得等について

3　信託法の特例

（参考）経過措置として行う農用地利用集積計画

　　令和４年基盤強化法等改正法により、農用地利用集積計画の仕組みは廃止（中間管理法の農用地利用集積等促進計画に統合）されました。ただし、改正附則に経過措置が置かれており、令和７年３月末日（地域計画が定められ公告されたときは、その公告の日の前日）までの間は、これまでと同様、農用地利用集積計画による権利の設定・移転が可能となっています。

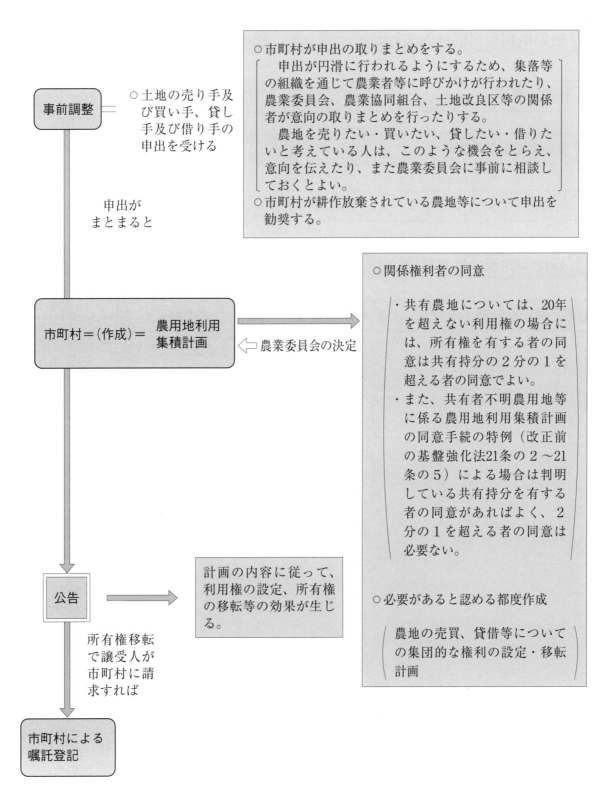

農地中間管理事業の推進に関する法律

① 農地中間管理事業

都道府県

○基本方針の作成（中間管理法３条）
○農地中間管理機構の指定・公告（中間管理法４条、５条）
○事業規程の認可（中間管理法８条３項）
○農用地利用集積等促進計画の認可・公告（中間管理法18条５項、７項）
○事業経費の補助　等

農地中間管理機構

○事業規程の作成（中間管理法８条）
○事業計画・収支予算等の作成
○農用地利用集積等促進計画の作成（中間管理法18条）
○貸借契約、賃料債権等の管理
○現地駐在員の設置
○市町村、農業委員会等への業務の委託　等

市町村・農業委員会等

○市町村による農用地利用集積等促進計画（案）の提出（中間管理法19条２項）
○農業委員会による農用地利用集積等促進計画の作成要請（中間管理法18条11項）
○農用地利用集積等促進計画への意見（中間管理法18条３項）
○農地中間管理機構からの受託業務の実施　等

❷ 農用地利用集積等促進計画

1）作成手順等

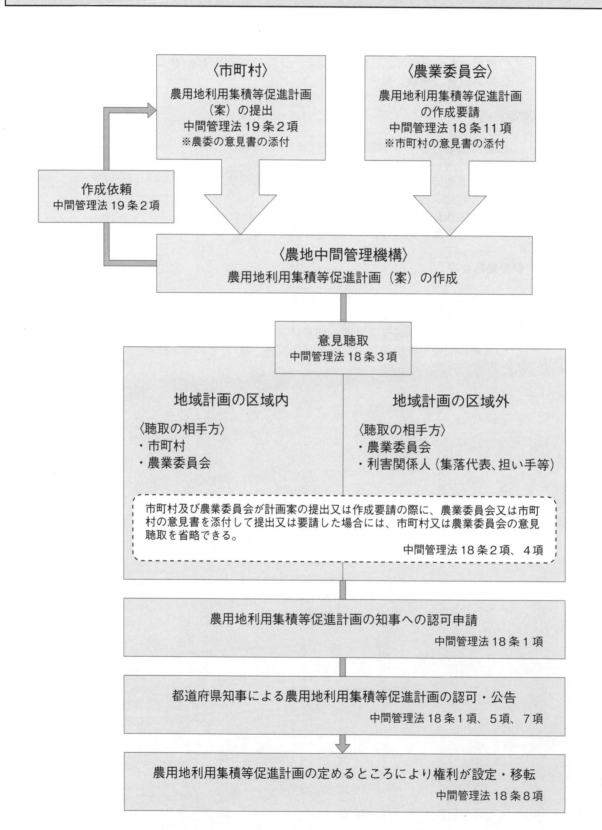

2）農地の貸借等の要件

離農農家
高齢農家 等

↓

農用地利用集積等促進計画

○農地中間管理権の取得
・賃借権
・使用貸借による権利
・農地法 41 条の利用権 等
○経営受託権の取得
○農作業の受託

↓

農地中間管理機構

↓

農用地利用集積等促進計画

○賃借権の設定・移転
○使用貸借による権利の
　設定・移転
○経営受託権の設定
○農作業の受託

↓

担い手農家等

○農地中間管理権を取得等する農用地等の基準

　農用地等として利用することが著しく困難であるものを対象に含まないことその他農用地等の形状又は性質に照らして適切と認められるものであり、かつ、農用地等について借受け又は農業経営等の受託を希望する者の意向その他地域の事情を考慮して農地中間管理権を取得し、又は農業経営等の委託を受けること

中間管理法 8 条 2 項 1 号、3 項 2 号

○地域計画の区域内の農用地等である場合の要件

　農地中間管理機構は地域計画の区域内の農用地等について促進計画を定めるに当たっては、地域計画の達成に資することとなるようにしなければなりません。（中間管理法 22 条の 5）

⇒ 当該農用地等について農地中間管理機構から賃借権の設定等を受ける者は、目標地図に農業を担う者として位置付けられている必要があります。このため、目標地図に位置付けられていない場合には、原則として、市町村が目標地図を変更し、当該者を目標地図に位置付ける必要があります。

　ただし、次に掲げる①から③のいずれかを満たす場合であって、当該者への権利の設定が「地域計画の達成に資する」ことを市町村が認めた場合においては、当該者に農用地等の貸付けを行うことも可能です（基本要綱第 6 の 2 の（2））。

①農業を担う者が不測の事態により営農を継続することが困難となる等、農作物の作付時期等の都合で迅速に貸付けを行う必要があり、かつ、事後的に実情に即して地域計画の変更が行われると見込まれるとき。
②不測の事態により農業を担う者に農用地等を貸し付けることが困難となったときに備えて、あらかじめ地域計画に代替者を定めている場合であって、当該代替者に農用地等を貸し付けるとき。
③農業を担う者に貸し付けるまでの間に農業委員会等の関係機関が認めたその他の者に貸し付けるとき（目標地図の達成に支障を生じない場合に限る。）。

○農地を利用する者の効率的利用要件及び
　農作業常時従事要件

①農地中間管理機構から賃借権設定等を受ける者は、次の要件を備える必要があります（中間管理法 18 条 5 項 2 号）。
　a 耕作又は養蓄の事業に供すべき農地の全てについて効率的に利用して耕作等をすると認められること。
　b 耕作又は養蓄の事業に必要な農作業に常時従事すると認められること（農地所有適格法人等の法人には適用されません。）。
②①の b の農作業常時従事要件を満たさない場合は、次の要件を満たすことが必要です（中間管理法 18 条 5 項 4 号）。
　a 地域の他の農業者との適切な役割分担の下に継続的安定的な農業経営を行うこと。
　b 法人である場合は、業務を執行する役員又は重要な使用人の一人以上が農業に常時従事すること。

3）所有者不明農地への対応

（1）農地法41条の利用権の取得

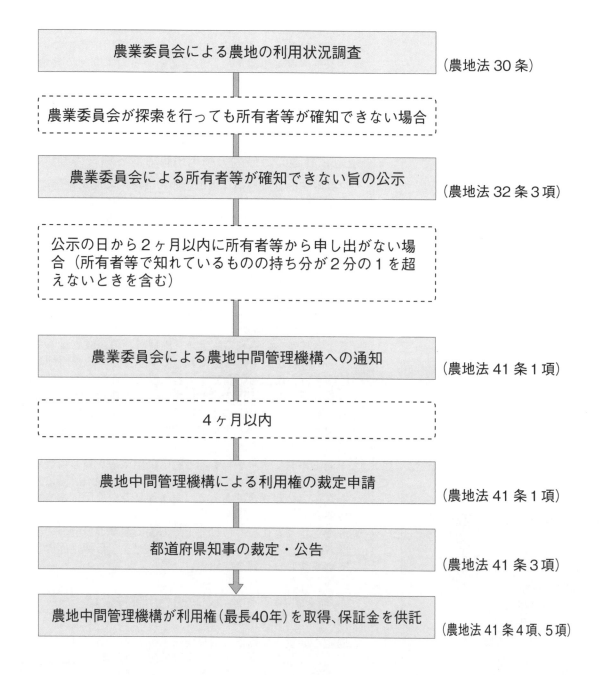

（2）農用地利用集積等促進計画の同意の取扱い

①2分の1を超える共有持ち分を有する者が確知できる場合

　数人の共有に係る土地について賃借権等の設定又は移転を行う場合における同意は、2分の1を超える共有持ち分を有する者の同意で足りるとされています（中間管理法18条5項4号）。

②2分の1を超える共有持ち分を有する者が確知できない場合

　共有持ち分を有する1名以上の者が確認できているときに、2分の1を超える共有持ち分を有する者が確知できない場合には、次の手続きによって、確知できない所有者は同意したものとみなされます（中間管理法22条の4）。

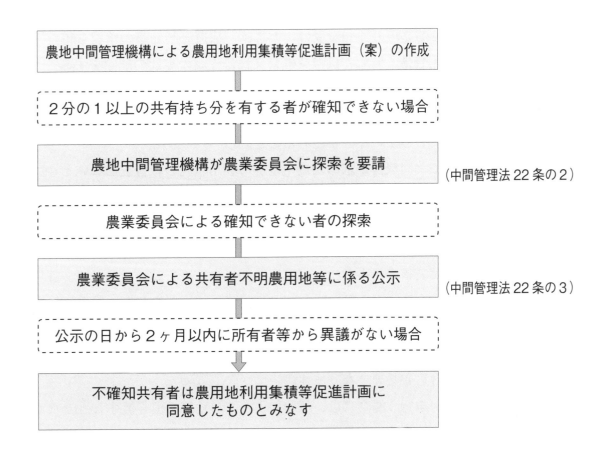

- 農地中間管理機構による農用地利用集積等促進計画（案）の作成
- 2分の1以上の共有持ち分を有する者が確知できない場合
- 農地中間管理機構が農業委員会に探索を要請　（中間管理法22条の2）
- 農業委員会による確知できない者の探索
- 農業委員会による共有者不明農用地等に係る公示　（中間管理法22条の3）
- 公示の日から2ヶ月以内に所有者等から異議がない場合
- 不確知共有者は農用地利用集積等促進計画に同意したものとみなす

❸　貸借契約等の解除

（1）農地中間管理法

①借受地の契約の解除（中間管理法20条）

　農地中間管理機構は、次に該当するときには、都道府県知事の承認を得た上で、農地中間管理権に係る賃貸借、使用貸借、若しくは経営受託権に係る経営の委託又は農作業の委託に係る契約を解除することができます。

　　ア　相当の期間を経過してもなお当該農用地等の貸付け若しくは農業経営又は農作業の委託を行うことができる見込みがないとき。

　　イ　災害その他の事由により、農用地等としての利用を継続することが著しく困難となったとき若しくは見込みがないとき。

②貸付地の契約の解除（中間管理法21条2項）

　農地中間管理機構は、同機構から農用地等の利用状況の報告を求められた者が、次に該当するとき又は農地法6条の2第2項の通知を受けたときは、都道府県知事の承認を得た上で、貸付地等に係る賃貸借、使用貸借、若しくは農業経営又は農作業の委託の解除をすることができます。

　　ア　当該農用地等を適正に利用していないと認めるとき。

　　イ　当該農作業を適正に行っていないと認めるとき。

　　ウ　正当な事由がなくて、同機構が求めた農用地等の利用状況の報告をしないとき。

（2）農地法

●農地又は採草放牧地の賃貸借の解約等の許可（農地法18条）

　農地又は採草放牧地の賃貸借の当事者は、都道府県知事の許可を受けなければ、賃貸借を解除し、解約の申入れをし、合意による解約をし、又は賃貸借の更新をしない旨の通知をしてはならないとされています。

　農地中間管理機構が、例えば、賃料未払い等の債務不履行を原因として賃貸借の解除を行う場合には、農地法18条の許可が必要となります。

　なお、賃貸借の合意解約を行う場合には、解約によって農地等を引き渡すこととなる期限前6ヶ月以内に成立した合意でその旨が書面において明らかである場合には、この許可は不要とされています（農地法18条1項2号）。

　また、中間管理法20条又は21条2項の都道府県知事の承認を受けて賃貸借の解除が行われる場合も、農地法の許可は不要とされています（農地法18条1項5号）。

（参考）農用地利用集積計画による一括方式（経過措置として実施）

　「農業経営基盤強化促進法等の一部を改正する法律」が令和5年4月に施行され、農用地利用集積計画は廃止されましたが、経過措置として「施行日（令和5年4月1日）から起算して2年を経過する日（その日までに地域計画が定められ及び公告されたときは、当該地域計画の区域については、その公告の日の前日）までの間は、なお従前の例により新たに農用地利用集積計画を定め、及び公告することができるとされています（同法附則5条1項）。

　また、農地中間管理機構が賃借権の設定等を受ける農用地等について同時に賃借権の設定等を行う農用地利用集積計画による一括方式も、農用地利用集積等促進計画によらない賃借権の設定等に関する経過措置として実施することができます（同法附則10条）。

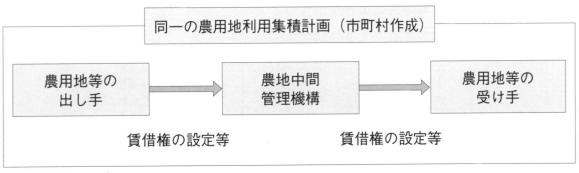

同一の農用地利用集積計画（市町村作成）

| 農用地等の
出し手 | → | 農地中間
管理機構 | → | 農用地等の
受け手 |

賃借権の設定等　　　　　　　　　　賃借権の設定等

○関係権利者（出し手、農地中間管理機構、受け手）の同意
※農地中間管理機構が同意する場合には、都道府県知事への協議が必要

○農地中間管理機構による利害関係人の意見聴取（旧中間管理法19条の2第2項）

○農地中間管理機構と都道府県知事の協議（旧中間管理法19条の2第1項）

　　　⇒都道府県知事の同意（旧中間管理法19条の2第3項）
　　　※知事同意の基準
　　　　基本方針及び事業規程に適合すること

Ⅳ 農業振興地域の整備に関する法律

農振法及び都市計画法による土地利用区分

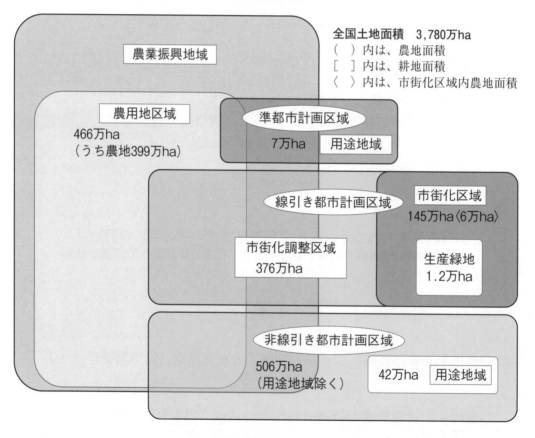

全国土地面積　3,780万ha
（　）内は、農地面積
［　］内は、耕地面積
〈　〉内は、市街化区域内農地面積

農業振興地域

農用地区域
466万ha
（うち農地399万ha）

準都市計画区域
7万ha　用途地域

線引き都市計画区域

市街化区域
145万ha〈6万ha〉

市街化調整区域
376万ha

生産緑地
1.2万ha

非線引き都市計画区域
506万ha
（用途地域除く）
42万ha　用途地域

資料：国土地理院「全国都道府県市区町村面積調」（令和3年4月1日現在）
　　　農林水産省農村振興局農村政策部農村計画課調べ（令和3年12月1日現在）
　　　国土交通省都市局「都市計画現況調査」（令和4年3月31日現在）
　　　総務省自治税務局「固定資産の価格等の概要調書」（令和3年度）

1　農業振興地域制度の仕組み

農林水産大臣　＝　┌─────────────────────┐
　　　　　　　　　　│農用地等の確保等に関する基本指針│
　　　　　　　　　　└─────────────────────┘（農振法3条の2）

是正
求める

達成著しく
不十分

目標達成状況の
資料提出

　　① 農用地等の確保の基本的方向
　　② 都道府県において確保すべき農用地等の面積の目標設定の基準
　　③ 農業振興地域指定の基準
　　④ 農業振興地域の整備の際の重要配慮事項

都 道 府 県　＝　┌─────────────────┐
　　　　　　　　　│農業振興地域整備基本方針│
　　　　　　　　　└─────────────────┘（農振法4条）

　　（農業振興地域の指定及び農業振興地域整備計画の基本方針）
　　① 農用地等の確保
　　② 農業振興地域の位置及び規模
　　③ 農業振興地域の基本的事項

市 　町 　村　＝　┌─────────────┐
　　　　　　　　　│農業振興地域整備計画│
　　　　　　　　　└─────────────┘（農振法8条）

〇農振計画の計画事項

　① 農用地区域及びその区域内にある土地の農業上の用途区分（農用地利用計画）─┐都道府県知事の同意必要
　　　　　　　　　　　　　　　　　　　　　　　　　　　　　　　　　　　　　　　（農振法8条4項）
　② 農業生産の基盤の整備及び開発に関する事項
　③ 農用地等の保全に関する事項
　④ 農業経営の規模の拡大及び農用地等又は農用地等とすることが適当な土地に関する権利の取得の円滑化その他農業上の利用の調整（農業者が自主的な努力により相互に協力して行う調整を含む。）に関する事項
　⑤ 農業近代化施設の整備に関する事項
　⑥ 農業を担うべき者の育成及び確保のための施設の整備に関する事項
　⑦ 農業従事者の安定的な就業の促進に関する事項（農用地等又は農用地等とすることが適当な土地の農業上の効率的かつ総合的な利用の促進と相まって推進するもの）
　⑧ 農業従事者の良好な生活環境を確保するための施設の整備に関する事項

〇農用地区域に編入すべき土地（設定要件：農振法10条3項）

　① 集団的農用地（10ha以上）
　② 農業生産基盤整備事業の対象地
　③ 農業用道路、農業用用排水路等の土地改良施設用地
　④ 農業用施設用地（2ha以上又は①、②に隣接するもの）
　⑤ その他農業振興を図るために必要な土地

〇農地転用のための農用地区域からの除外の要件

　① 道路等や地域の農業振興に関する市町村の計画に基づく施設等の公益性が特に高いと認められる事業の用に供する土地（農振法10条4項）
　② 上記以外の場合は、次の要件の全てを満たす場合に限り除外が可能（農振法13条2項）
　　ア 農用地以外の土地とすることが必要かつ適当で、農用地区域以外に代替すべき土地がないこと
　　イ 基盤法19条1項に規定する地域計画の達成に支障を及ぼすおそれがないこと

ウ　土地の農業上の効率的かつ総合的な利用に支障を及ぼすおそれがないこと

エ　効率的かつ安定的な農業経営を営む者に対する農用地の利用集積に支障を及ぼすおそれがないこと

オ　土地改良施設の機能に支障を及ぼすおそれがないこと

カ　農業生産基盤整備事業完了後8年を経過していること（農地中間管理機構関連農地整備事業の施行地域内にあっては、農地中間管理権の存続期間が満了していること（土地改良法92条の2））

❷　農用地区域内における農振法に基づく開発行為の許可

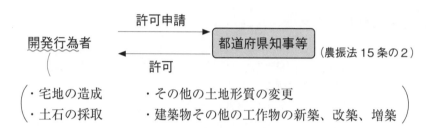

○許可基準（農振法15条の2第4項）

都道府県知事等は、次に該当すると認めるときは、許可をしてはならない。

①　当該土地を農用地等として利用することが困難となるため、農振計画の達成に支障を及ぼすおそれがあること

②　当該土地の周辺の農用地等において土砂の流出又は崩壊その他の耕作又は養畜の業務に著しい支障を及ぼす災害を発生させるおそれがあること

③　当該土地の周辺の農用地等に係る農業用用排水施設の有する機能に著しい支障を及ぼすおそれがあること

○許可を受ける必要がない開発行為の例（農振法15条の2第1項ただし書き）

①　国又は地方公共団体が、道路、農業用用排水施設その他の地域振興上又は農業振興上の必要性が高いと認められる施設で省令（農振法省令35条）で定めるものの用に供するために行う行為

　　注　農振法省令35条では、学校・病院・社会福祉施設・庁舎・宿舎等の施設は除かれており、これらの施設は許可が必要となりますが、農振法15条の2第8項の都道府県知事等との協議が成立することで許可があったものとみなされます。

②　土地改良事業の施行として行う行為

③　農地法4条又は5条の農地転用許可の目的に供するために行う行為

　　注　農振法17条において、農地転用許可は、農用地利用計画で指定された用途以外の用途に供されないようにしなければならないと規定されています。

④　農地法43条に規定する農産物栽培高度化施設の用に供するために行う行為

⑤　中間管理法18条7項の規定による公告があった農用地利用集積等促進計画の定めるところによって設定又は移転された権利に係る土地を当該計画に定める利用目的に供するために行う行為

⑥　通常の管理行為、軽易な行為その他の行為で省令（農振法省令36条）で定めるもの

⑦　非常災害のために必要な応急措置として行う行為

⑧　公益性が特に高いと認められる事業の実施に係る行為のうち農振計画の達成に著しい支障を及ぼすおそれがないと認められるもので省令（農振法省令37条）で定めるもの 等

市民農園の開設

市民農園の開設状況（令和4年3月末時点の調査結果）

	特定農地貸付法	都市農地貸借円滑化法 （特定都市農地貸付け）	市民農園整備促進法	計
設 置 数	3,664	92	479	4,235
区 画 数	187,006			187,006
総 面 積（ha）	1,293			1,293

資料：農林水産省農村計画課調べ

1　市民農園の開設の形態

①　市民農園整備促進法^{注1}によるもの （同法2条2項）	「市民農園」とは、「主として都市の住民の利用に供される農地（②～④の方式で利用される農地）」 及び 「これらの農地に附帯して設置される農機具収納施設、休憩施設等の施設」の総体とされています。
②　特定農地貸付法^{注2}によるもの （同法2条2項）	「特定農地貸付け」とは、1)地方公共団体、2)農業協同組合、3)これら以外で市町村等との間で貸付協定を締結している者（農地所有者、市町村又は農地中間管理機構から使用貸借による権利又は賃借権の設定を受けている者）が行う ⅰ）10a未満（特定農地貸付法政令1条）の農地の貸し付けで、相当数の者を対象として定型的な条件で行われるもの ⅱ）営利を目的としない農作物の栽培の用に供するための農地の貸し付け ⅲ）5年（特定農地貸付法政令2条）を超えない農地の貸し付け で賃借権その他の使用及び収益を目的とする権利の設定とされています。
③　都市農地貸借円滑化法（特定都市農地貸付^{注3}け）によるもの （同法10条）	「特定都市農地貸付け」とは、地方公共団体及び農業協同組合以外で、都市農地の所有者及び市町村と協定を締結している者が行う上記②のⅰ）～ⅲ）に該当する都市農地（生産緑地地区の区域内の農地）についての賃借権等の設定とされています。
④　農園利用方式によるもの （法律の規定なし）	「農園利用方式」とは、相当数の者を対象として定型的な条件でレクリエーションその他の営利以外の目的で継続して行われる<u>農作業の用に供する</u>ものです。 　これは、賃借権その他の使用及び収益を目的とする権利の設定又は移転を伴わないで農作業の用に供するものに限られます。 　また、継続して行われる農作業というのは、年に複数の段階の農作業（植付けと収穫等）を行うことをいうものであって、果実等の収穫のみを行う「もぎとり園」のようなものは、これに当たりません。

注1　①で開設できる者及び利用者との契約関係
　　　地方公共団体＝特定農地貸付、農園利用方式
　　　農業協同組合＝特定農地貸付、農園利用方式
　　　農地を所有する個人等＝農園利用方式、特定農地貸付（貸付協定を締結）
　　　市町村等との間で貸付協定を締結している、農地所有者、市町村、農地中間管理機構から使用貸借による権利又は賃借権の設定を受けている者＝特定農地貸付

注2　②で開設できる者
　　　地方公共団体、農業協同組合、市町村等との間で貸付協定を締結している農地所有者、市町村、農地中間管理機構から使用貸借による権利又は賃借権の設定を受けている者

注3　③で開設できる者
　　　地方公共団体及び農業協同組合以外の農地を所有していない者で、都市農地を適切に利用していないと認められる場合に市町村が協定を廃止する旨、及び特定都市農地貸付けの承認を取り消した場合等に市町村が講ずべき措置等を内容とする協定を都市農地の所有者及び市町村との3者間で締結している者

❷ 市民農園整備促進法の仕組みと開設手順

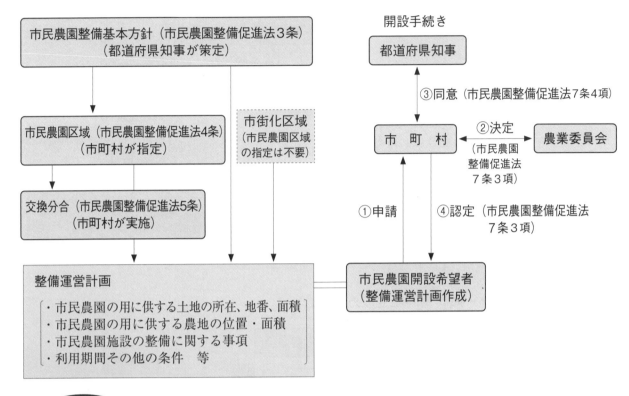

開設手続き

市民農園整備基本方針（市民農園整備促進法3条）
（都道府県知事が策定）

市街化区域
（市民農園区域の指定は不要）

市民農園区域（市民農園整備促進法4条）
（市町村が指定）

交換分合（市民農園整備促進法5条）
（市町村が実施）

整備運営計画
・市民農園の用に供する土地の所在、地番、面積
・市民農園の用に供する農地の位置・面積
・市民農園施設の整備に関する事項
・利用期間その他の条件　等

都道府県知事

③同意（市民農園整備促進法7条4項）

市　町　村　　②決定（市民農園整備促進法7条3項）　農業委員会

①申請　④認定（市民農園整備促進法7条3項）

市民農園開設希望者
（整備運営計画作成）

メリット
・農地の貸し付けについて特定農地貸付法の承認の効果（農地法の許可不要）〈市民農園整備促進法11条1項〉
・農地の転用についての農地法の特例（許可不要）〈市民農園整備促進法11条2項、3項〉
・開発行為等についての都市計画法の特例（市街化調整区域で許可可能）〈市民農園整備促進法12条〉　等

❸　特定農地貸付法の仕組みと開設手順

（1）　〈地方公共団体・農業協同組合の場合〉

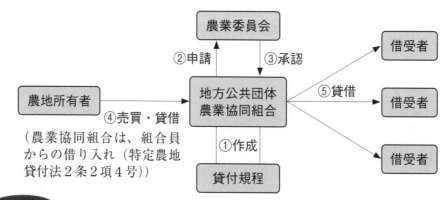

（2）　〈地方公共団体・農業協同組合以外の場合〉

① (農地所有者みずから開設)
　(特定農地貸付法2条2項5号イ)

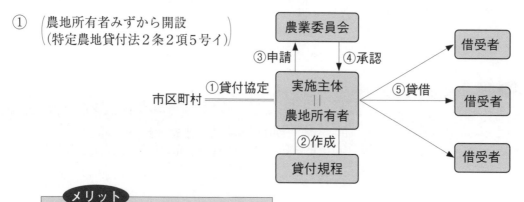

② (農地所有者でない者が農地の権利を取得)
　(して開設(特定農地貸付法2条2項5号ロ))

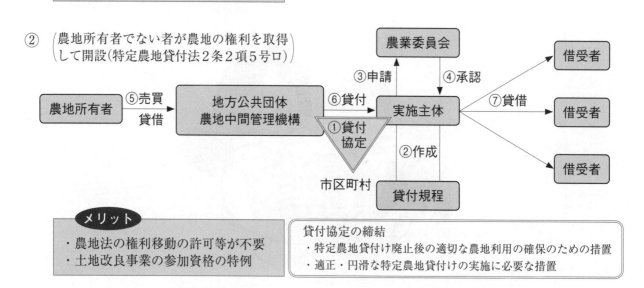

4 都市農地貸借円滑化法の仕組みと開設手順

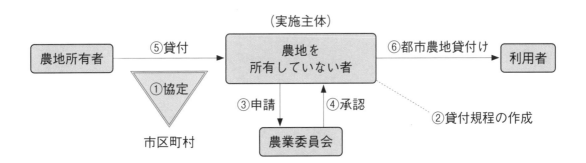

メリット

・農地の貸し付けについて都市農地貸借円滑化法（準用特定農地貸付法）の承認の効果（農地法の許可）〈都市農地貸借円滑化法12条1項〉
・地方公共団体・農地中間管理機構の介在が不要で、農地所有者から直接借りることができる
・相続税納税猶予を受けている農地を貸しても猶予が継続する

特定農地貸付け及び都市農地貸付けの留意事項

特定農地貸付け及び都市農地貸付けの用に供されている農地の貸付けを受けている者は、農地法により耕作者の保護のための規定を適用することは適当でないので、同貸付けに係る農地の賃貸者については、同法17条の法定更新、同法18条の賃貸借の解約の制限等の適用を除外している。

農地所有適格法人数の概要

①　組織形態別

（単位：法人、（％））

	総数	農事組合法人	株式会社	有限会社	合名会社	合資会社	合同会社
昭和45	2,740	1,144	－	1,569	3	24	－
55	3,179	1,157	－	2,001	3	18	－
平成2	3,816	1,626	－	2,167	7	16	－
7	4,150	1,335	－	2,797	4	14	－
12	5,889	1,496	－	4,366	5	22	－
17	7,904	1,782	120	5,961	8	33	－
22	11,829	3,056	株式会社 特例有限会社を除く 1,696	株式会社 特例有限会社 6,907	12	44	114
27	15,106	4,111	4,245	6,427	14	43	266
31	19,213	5,489	6,862	6,277	13	42	530
令和4	20,750	5,710	8,667	5,573	800		

資料：農林水産省経営局調べ（各年1月1日現在）

②　主要業種別

（単位：法人、（％））

	総数	米麦作	果樹	畜産	そ菜	工芸作物	養蚕	花き・花木	その他
昭和45	2,740	806	871	749	40	54	119	－	101
55	3,179	743	700	1,103	103	137	80	－	313
平成2	3,816	558	592	1,564	216	266	78	－	542
7	4,150	803	523	1,510	293	283	18	－	720
12	5,889	1,275	606	1,803	567	307	5	560	766
17	7,904	1,953	683	2,216	988	219	－	787	1,058
22	11,829	4,053	865	2,477	1,838	460	－	828	1,308
27	15,106	6,021	1,124	2,656	2,914	2,391			
31	19,213	8,314	1,312	3,264	3,635	2,688			
令和4	20,750 (100)	9,644 (46)	1,343 (6)	3,443 (17)	3,637 (18)	2,683 (13)			

資料：農林水産省経営局調べ（各年1月1日現在）
注：業種区分は、主たる（粗収益の50％以上）作物とする。いずれも50％に満たないものは「その他」とする。